浙江野生色叶树
200种精选图谱

李根有　陈征海　陈高坤　周和锋　主编

科学出版社

北京

内 容 简 介

本书由长期从事野生植物资源调查与研究的专业人员历经 5 年编撰而成。从上百次野外考察调查到的浙江 537 种野生色叶树种中精选出 200 种（另有附种 56 种）向读者介绍，它们习性多样，色彩丰富，用途广泛，其中有的为浙江特产、珍稀或《浙江植物志》未记载的种类。每种野生色叶树种均配有作者亲自拍摄的精美图片，同时配以中文名、拉丁名、科名、别名及形态、地理分布、特性、园林用途、繁殖方式等文字内容。

本书图文并茂、内容全面、实用性强，可供园林、农林、自然保护区及旅游部门工作者，园林植物专业师生，花木种植经营者，花卉爱好者和户外运动爱好者参考。

图书在版编目（CIP）数据

浙江野生色叶树200种精选图谱／李根有等主编.—北京：科学出版社，2017.6

ISBN 978-7-03-052634-2

Ⅰ. ① 浙…　　Ⅱ. ① 李…　　Ⅲ. ① 树种-浙江-图谱

Ⅳ. ① S79-64

中国版本图书馆CIP数据核字（2017）第091511号

责任编辑：张会格／责任校对：李　影
责任印制：肖　兴／书籍设计：北京美光设计制版有限公司

科 学 出 版 社　出版

北京东黄城根北街16号
邮政编码：100717
http://www.sciencep.com

中国科学院印刷厂 　印刷

科学出版社发行　各地新华书店经销
＊

2017年6月第 一 版　　开本：720×1000 1/16
2017年6月第一次印刷　　印张：28 1/2
字数：549 000

定价：298.00元

（如有印装质量问题，我社负责调换）

编委会名单

主　编：李根有　陈征海　陈高坤　周和锋
副主编：吴光洪　丁国建　李修鹏　陈　锋　马丹丹
编　委：（按汉语拼音排序）
陈　锋　陈伯翔　陈高坤　陈征海　邓剑刚　丁国建　丁旭升　杜月青　管　理
李根有　李修鹏　卢　山　马丹丹　沈柏春　斯文秀　吴棣飞　吴光洪　谢文远
张芬耀　周和锋
参编人员：丁雯婕　陈昌昊　蒋晓玥

主编单位：
浙江农林大学暨阳学院
浙江省森林资源监测中心
浙江众磊园林工程有限公司
慈溪市林特技术推广中心
参编单位：
杭州市园林绿化股份有限公司
浙江天泰园林建设有限公司
宁波市林特科技推广中心

部分编委合影

编写分工

编写大纲与细则：陈征海　李根有

前　言：李修鹏　李根有

总　论：陈征海　李根有　陈高坤　周和锋　丁国建

春色叶：陈高坤　李根有　张芬耀　谢文远　管　理　斯文秀　杜月青

秋色叶：李根有　丁国建　吴光洪　陈　锋　吴棣飞　杜月青

春秋色叶：陈征海　吴光洪　李根有　马丹丹　陈高坤　丁旭升

常色叶：李修鹏　卢　山　邓剑刚　吴棣飞

零星色叶：马丹丹　沈柏春

多型色叶：李根有　周和锋　陈伯翔

参考文献：马丹丹　李修鹏

文字审校：李根有　陈征海　马丹丹　李修鹏　张芬耀　谢文远　吴棣飞
　　　　　陈　锋　周和锋　陈高坤

摄　影：李根有　陈征海　马丹丹　张芬耀　谢文远　李修鹏　陈　锋

图片汇总：马丹丹

图片筛选与处理：李根有　马丹丹　陈征海

图片审校：李根有　陈征海　张芬耀　谢文远

主编简介

李根有

教授，硕士生导师，浙江省教学名师

　　李根有，男，1955年12月出生，浙江金华人。1982年1月毕业于浙江林学院林学专业。现任浙江农林大学植物资源研究所所长，中国林学会树木学分会委员，浙江省植物学会常务理事，《浙江植物志（第二版）》主编。浙江省植物分类、自然保护区、园林花卉、湿地植被、植物园建设等方面的专家。长期从事相关专业的教学和研究。先后主持或参加各类科研项目40余项，发表学术论文100余篇，其中SCI收录8篇，主、参编专著或统编教材18部，获省级科技进步成果二、三等奖及优秀奖各1项，厅局级奖6项，获省政府教学成果一等奖、二等奖各1项。近年分别获浙江省高校"三育人"先进个人、校级"我心目中的好老师"、绍兴市师德楷模、校级优秀共产党员等荣誉。

主编简介

陈征海

教授级高级工程师

陈征海，男，1963年9月出生，浙江金华人。1983年7月毕业于浙江林学院林学系林学专业。现任浙江省森林资源监测中心副主任，国家林业局"第二次全国重点保护野生植物资源调查专家技术委员会"委员，浙江省第二次

野生植物资源调查专家委员会顾问；浙江省林学会森林生态专业委员会、湿地专业委员会和植物园专业委员会副主任；浙江省植物学会常务理事、资源植物分会副会长；浙江省生态学会生物多样性与自然保护专业委员会、湿地生态专业委员会副主任。先后主持或主要参加完成了浙江省野生植物、野生动物、湿地、古树名木、红树林、海岛与海岸带植被调查与监测等多项重大林业自然资源调查与监测研究项目，获浙江省科学技术进步奖二等奖1项，浙江省科学技术奖三等奖2项，林业部科学技术进步奖三等奖1项，梁希林业科学技术奖三等奖1项，全国优秀工程咨询成果三等奖2项，全国林业优秀工程咨询成果二等奖2项、三等奖5项。发表学术论文60余篇，SCI收录5篇；出版著作11部，其中主编10部（卷）。研究发表植物新分类群19个，其中，新种7个，新亚种1个。

主编简介

陈高坤

高级工程师，硕士生导师

陈高坤，男，1966年
5月出生，浙江绍兴人。
1988年7月毕业于浙江林
学院园林系。现任浙江农
林大学暨阳学院教师，兼
任诸暨暨阳学院园林与艺
术设计有限公司总经理，
浙江省植物学会会员，绍
兴市国土绿化专家服务团

成员。先后主持完成了"城市广场绿化景观设计"、"03省道东复线诸暨
江藻至王家井段工程项目绿化景观设计"、"31省道诸暨王家湖至五泄段
改建工程绿化工程设计"、"诸东线道路绿化改造工程设计"、"诸暨市
浦阳江城区段水环境整治及生态化改造工程设计"等几十个设计项目。主
持完成"诸暨市浦阳江城区段水环境整治及生态化改造工程设计"、"诸
暨市浦阳江城区段水环境整治及生态化改造工程暨阳街道段绿化工程施
工"、"店口镇解放路道路绿化工程"、"诸暨市江东公园建设工程"等
施工项目几十个。

主编简介

周和锋

教授级高级工程师

周和锋，男，1972年
12月出生，浙江慈溪人。
2008年7月毕业于浙江大学
园艺专业。现任浙江省慈溪
市林特技术推广中心主任，
兼任浙江省林学会森林生态
专业委员会、植物园专业
委员会委员，慈溪市首席
农技推广专家（林业），

慈溪市林特学会理事长。先后主持或主要参加完成了"杭州湾南岸沿海防
护林构建技术与效益评价研究"、"杭州湾湿地生态系统监测与恢复技
术"、"沿海平原绿化抗逆植物材料选择研究与应用"、"色叶植物引种
筛选及繁育技术研究"等科技项目18项，获浙江省科学技术进步奖二等奖2
项，浙江省科技兴林奖一等奖3项。发表学术论文20余篇，编著专著4部，
其中主编1部。近年分别获全国绿化先进工作者、第一届浙江省林业科技标
兵、浙江省沿海防护林建设先进个人、宁波市林业创业创新人才奖、宁波
市绿化先进个人等荣誉称号。入选宁波市领军与拔尖人才培养工程第二层
次、慈溪市"115人才工程"第一层次培养人选。

前言

PREFACE

　　色彩美历来是中外植物造景大师们不倦追求的核心之一，也是景观艺术大众化的一个不可或缺的要素。

　　说到植物的色彩美，雍容娇艳的花朵，丰硕水灵的果实，乃至华美独特的枝干，都是不可或缺的重要元素，而绚丽多彩的叶片自然更应属于色彩中无可替代的主角。有人说，从美学角度看，色叶树在园林中是第一性的，叶色是园林景观色彩的始创者，是植物色彩、季相与景观多样性中最为重要的组成部分。北京香山的黄栌（红叶），内蒙古额济纳的胡杨林，新疆喀纳斯的白桦林，四川九寨沟的多彩山水，无不因其树叶（森林）的色彩斑斓而闻名遐迩。

　　色叶树种，系指在一年四季或某一至几个阶段，全部或部分叶片较稳定地呈现非常见之绿色的色彩，且具有较高观赏价值的树种的总称，一般多呈现红、紫、黄、橙等色，少数表现为白色、蓝色、斑纹（花叶），也有部分树种叶片具有两面异色的特点。色叶树种是园林建设中极为重要的美化材料，历来备受推崇。在目前全国上下正高举生态文明大旗、掀起美丽中国建设高潮之际，传统的绿色植物已很难满足国土绿化对色彩配置的需要，因此，色叶树种的应用便得到了前所未有的重视，市场需求持续保持旺盛增长势头。目前市场上应用较多的色叶树种，除银杏、红叶杨、金叶榆等少数为国产种（品种）外，大部分从国外特别是欧美国家及日本引进，如北美红枫、北美枫香、娜塔栎及鸡爪槭类园艺品种等，这些树种不但种苗价格高，而且因江南地区雨水多、温差小等原因，很多叶色表现不理想，且病虫危害严重，因此推广应用的效果差、风险高。用乡土植物建造乡土森林才是生态林业和生态园林发展的正确方向！浙江的野生树种资源极为丰富，其中不乏色彩艳丽的色叶树种，如香樟、舟山新木姜子、石楠、秀丽槭等的春色叶，金钱松、银缕梅、肉花卫矛、毛鸡爪槭等的秋色叶，对萼猕猴桃、叶底红、董叶紫金牛、芙蓉菊等的常色叶等等，开发利用这些乡土色叶树种，不仅可以凸显环境绿化的地方特色，而且树种适应性强，遭受有害生物及自然灾害危害的风险小，具有广阔的推广应用与产业化前景。

本书是基于美丽中国、两美浙江及环境美化、彩化建设对乡土色叶树种的需求，由长期从事植物研究的专家根据多年实地调查的第一手资料编撰而成，是全面记述浙江野生色叶树种的第一本专著。

本书在编撰过程中，力求体现以下特色：①科学性。书中各树种的拉丁学名，既严格参照《中国植物志》、*Flora of China* 等权威文献，同时也查阅了一些最新文献，并进行了考证，力求准确无误；树种的中文名，为避免混乱，原则上采用众人熟悉的《浙江植物志》中的名称；别名则主要根据《浙江植物志》等文献中的通用名或其代表性的地方名；对《浙江植物志》记载的部分树种的形态特征、分布、生境、物候期等的描述与作者研究掌握的信息有出入的，也对其进行了认真的考证、核实与修订，使之更符合浙江实际；对于既有野生又有栽培的种类，其特征、物候等内容均根据野生类型进行描述。②新颖性。本书以作者多年积累的野外第一手调查资料为依据，结合前人研究成果，融合植物分类学、园林树木学与资源植物学的研究方法，首次科学系统地记述了浙江省野生色叶树种200种及附种56种，这在其他地区也未见先例；在色叶树种分类上，将浙江的野生色叶树种分为春色叶、秋色叶、春秋色叶、常色叶、零星色叶、多型色叶六大类，既有继承性，又有创新性，更具实用性，分类体系独树一帜；首次记录了多数色叶树种在浙江的色叶观赏期；收录了多种由作者调查发现的新类群及中国、中国大陆、华东或浙江省地理分布新记录植物。③实用性。本书较为系统、全面地介绍了各树种的形态识别要点、地理分布、生态特性、观赏特点及用途、繁殖方式等内容，形式上图文并茂，深度上通俗易懂，且所选树种均具有较高的观赏价值和良好的发展前景，对产业开发与推广应用具有很好的指导性和实用性。

浙江的野生色叶树种资源比较丰富，但因篇幅所限，本书只精选了其中的200种及附种56种。入编树种的选择，主要遵循了以下原则：①观赏价值高；②适应性强；③产业化前景好；④尽量体现树种的新颖性和代表性。

在全书的结构编排上，采用了先总后分的方式。总论部分综合分析了色叶树种的呈色机制、分类、浙江资源概况、园林用途、开发利用等内容；各论部分则按春色叶（71种）、秋色叶（39种）、春秋色叶（58种）、常色叶（10种）、零星色叶（5种）及多型色叶（17种）六大类，每类再根据分类系统顺序排列，分别介绍了200种色叶树种的中文名、别名、拉丁名、科名及其形态特征、地理分布、生态特性、园林用途（含叶色与观赏期等）、繁殖方式、附注等，同时配以自拍的2至多幅精美图片。56个附种则在与其相近或有关联的树种（主种）后面作为相近种列出，并注明了其与主种的主要形态区别。书后附有主要参考文献及中文名和拉丁名索引，便于广大读者查阅、使用。

本书是在科学出版社的大力支持下，作者团队继成功出版《浙江野菜100种精选图谱》、《浙江野花300种精选图谱》和《浙江野果200种精选图谱》之后的又一部浙江野生植物图谱书籍。本书的出版，对于指导江南地区野生色叶树种的开发利用与资源保护等方面具有重要的学术价值和生产意义。

在本书编写过程中，得到了主编单位与参编单位的大力支持；在照片拍摄过程中，得到了省内各自然保护区、各地林业局领导和技术人员的全力协助；承蒙叶喜阳、池方河、王军峰、陈子林、张宏伟、杨家强、张佳平等友情提供图片，在此一并表示衷心感谢！

由于著者水平所限，书中若有不足之处，恳望读者朋友批评指正。

编　者
2016年10月28日

目录 CONTENTS

前言

总论

第一节　色叶树种呈色机制

一、遗传机制　2

二、生理机制　3

三、外部环境　3

第二节　色叶树种分类

一、根据生活型分类　5

二、根据色彩分类　5

三、根据季节为主的综合分类　6

第三节　浙江野生色叶树种资源

一、资源概况　8

二、资源分布　10

第四节　色叶树种园林应用

一、园林用途　16

二、配置方式　18

第五节　野生资源开发利用

一、开发利用概述　20

二、开发技术要点　21

三、开发利用建议　22

各论

第一节　春色叶

001　粤柳　24

002　化香树　25

003　甜槠　27

004　钩栗　29

005　赤皮青冈　30

006　青冈栎　31

007　细叶青冈　33

008　卷斗青冈　35

009　云山青冈　36

010　槲栎　37

011　小果薜荔　38

012　笔管榕　40

013 尾叶挪藤 42

014 乐东拟单性木兰 44

015 瓜馥木 46

016 浙江樟 47

017 豹皮樟 49

018 黄丹木姜子 51

019 薄叶润楠 53

020 刨花润楠 55

021 红楠 57

022 云和新木姜子 59

023 舟山新木姜子 62

024 小叶蚊母树 64

025 杨梅叶蚊母树 66

026 山樱花 68

027 湖北山楂 70

028 光萼林檎 72

029 椤木石楠 74

030 粉花绣线菊 76

031 粉叶羊蹄甲 77

032 藤黄檀 79

033 山皂荚 81

034 美丽胡枝子 83

035 马鞍树 85

036 红豆树 87

037 臭椿 89

038 山麻杆 91

039 虎皮楠 93

040 冬青 95

041 绿叶冬青 96

042 红枝柴 97

043 毡毛泡花树 99

044 多花勾儿茶 100

045 短毛椴 101

046 秃糯米椴 102

047 异色猕猴桃 104

048 中华猕猴桃 106

049 尖连蕊茶 108

050 毛花连蕊茶 110

051 毛枝连蕊茶 112

052 微毛柃 114

053 柃木 115

054 金叶细枝柃 117

055 隔药柃 119

056 窄基红褐柃 121

057 木荷 123

058 北江荛花 125

059 赤楠 127

060 马醉木 130

061 刺毛杜鹃 132

062 麂角杜鹃 134

063 云锦杜鹃 136

064 马银花 137

065 乌饭树 139

066 短尾越桔 141

067 江南越桔 143

068 九节龙 145

069 老鼠矢 146

070 木犀 148

071 浙南菝葜 150

第二节 秋色叶

072 银杏 151

073 金钱松 154

074 台湾水青冈 156

075 珊瑚朴 160

076 榔榆 162

077 秤钩枫 163

078 夏蜡梅 165

079 山鸡椒 167

080 檫木 169

081 长柄双花木 171

082 银缕梅 172

083 疏毛绣线菊 173

084 香槐 175

085 朵椒 177

086 湖北算盘子 179

087 卵叶石岩枫 181

088 毛黄栌 183

089 卫矛 185

090 肉花卫矛 187

091 海岸卫矛 189

092 永瓣藤 191

093 雁荡三角槭 192

094 紫果槭 194

095 长裂葛萝槭 197

096 临安槭 198

097 稀花槭 200

098 苦茶槭 202

099 三峡槭 203

100 无患子 205

101 猫乳 207

102 长叶冻绿 209

103 俞藤 211

104 海滨木槿 213

105 梧桐 215

106 长柱紫茎 217

107 毛八角枫 220

108 吴茱萸五加 223

109 毛药藤 225

110 宜昌荚蒾 226

第三节 春秋色叶

111 雷公鹅耳枥 228

112 短柄枹 230

113 榉树 232

114 天仙果 234

115 青皮木 236

116 连香树 238

117 庐山小檗 240

118 鹅掌楸 242

119 红果钓樟 244

120 山胡椒 246

121 红脉钓樟 250

122 灰白蜡瓣花 252

123 枫香 255

124 钟花樱 259

125 中华石楠 261

126 小叶石楠 264

127 野珠兰 266

128 紫藤 267

129 臭辣树 269

130 椿叶花椒 271

131 日本野桐 274

132 山乌桕 276

133 乌桕 279

134 青灰叶下珠 281

135 油桐 283

136 南酸枣 285

137 黄连木 286

138 盐肤木 288

139 木蜡树 290

140 锐角槭 293

141 阔叶槭 294

142 三角枫 296

143 乳源槭 298

144 青榨槭 300

145 秀丽槭 302

146 浙闽槭 306

147 毛果槭 308

148 色木槭 310

149 毛鸡爪槭 312

150 黄山栾树 315

151 广东蛇葡萄 317

152 异叶爬山虎 319

153 爬山虎 322

154 网脉葡萄 324

155 浆果椴 326

156 南紫薇 328

157 蓝果树 331

158 楤木 333

159 刺楸 335

160 灯台树 337

161 秀丽四照花 340

162 四照花 342

163 江南山柳 344

164 毛果南烛 346

165 扁枝越桔 348

166 野柿 350

167 络石 352

168 厚壳树 355

第四节　常色叶树种

169 棕脉花楸　356

170 黄杨　358

171 温州葡萄　360

172 对萼猕猴桃　362

173 叶底红　364

174 窄斑叶珊瑚　365

175 红凉伞　367

176 莲座紫金牛　369

177 堇叶紫金牛　371

178 芙蓉菊　373

第五节　零星色叶

179 波叶红果树　375

180 中华杜英　377

181 秃瓣杜英　379

182 薯豆　382

183 树参　384

第六节　多型色叶

184 川榛　385

185 阔叶十大功劳　387

186 南天竹　389

187 香樟　392

188 石楠　395

189 光叶石楠　399

190 泰顺石楠　402

191 厚叶石斑木　404

192 锈毛莓　407

193 刺叶桂樱　409

194 野漆树　411

195 猴欢喜　413

196 小叶猕猴桃　415

197 滨柃　417

198 日本厚皮香　419

199 泰顺杜鹃　421

200 菝葜　422

参考文献　424

中文名索引　427

拉丁名索引　432

总论

色叶树种系指在一年四季或某一至几个阶段，全部或部分叶片较稳定地呈现非常见之绿色的色彩，且具有较高观赏价值的树种的总称，一般多呈现红、紫、黄、橙等色，少数表现为白色、蓝色、杂色（花叶），也有部分树种叶片具有两面异色的特点。

由于植物的花期通常较短，一年仅几天可欣赏，而色叶树种既有绚丽的色彩，又有较长的观赏期，正好弥补了花期的不足，尤其是夏、秋季，同时也呈现了生命律动之美。我国历史上曾有"停车坐爱枫林晚，霜叶红于二月花"、"烟笼层林千重翠，霜染秋叶万树金。层林尽染千丈画，红黄翠绿一溪诗"、"一林霜叶可怜红，半入虚中半画中。冷艳足为秋点染，从来多事是秋风"等有关色叶树种的著名诗句。色叶树种不仅种类繁多，而且用途广泛，是目前园林中最为热门、最受欢迎的一类造景或配景材料。

第一节
色叶树种呈色机制

色叶树种的色彩、鲜艳度及挂叶时间等是由自身因素和外部环境共同作用的结果。自身因素主要有两个方面：一是叶片表面的毛被、鳞片等附属物的颜色；二是叶片内部色素的种类、含量及分布。外部环境则涉及物理与生物两个方面。

一、遗传机制

不同树种叶片表面的附属物不同，叶片中的色素种类、含量及分布不同，这就是遗传，它是选择色叶树种的基础。

在相似的生境中，同一树种也往往可见极为明显的个体差异，即有的呈现色叶，有的不形成色叶，而且色叶的类别、颜色和深浅、鲜艳度、挂叶时间等也存在较大的差异，这就是变异。正是由于变异的存在，才使得色叶品种的选育成为可能。例如，尖连蕊茶新叶的变异很大，可望选育出紫叶、红叶和金叶等品种。有些树种的个别植株乃至枝条偶尔也会表现特异，即基因突变，它是选育色叶树种新品种的绝佳来源，如枫香、垂珠花的紫叶变异个体，四照花的金叶变异个体，秃瓣杜英的紫叶和花叶变异个体，滨枥的紫叶与花叶变异枝条，黄杨的金叶变异个体和红叶变异枝条等。

二、生理机制

高等植物叶片中的色素主要有三大类：一是叶绿素类，主要有叶绿素a、叶绿素b；二是类胡萝卜素类，主要有类胡萝卜素和叶黄素；三是类黄酮类色素，又称为花色素苷。不同的色素在外观上表现为不同的颜色：叶绿素a为蓝绿色，叶绿素b为黄绿色，类胡萝卜素为橙黄色，叶黄素为黄色，花色素苷在酸性和碱性条件下分别呈现红色和蓝色。

植物叶片呈色是相当复杂的，它与叶片细胞色素的种类、含量以及在叶片中的分布有关。由于普通叶片中叶绿素含量比类胡萝卜素多，所以叶片总是呈现绿色。色叶树种呈现彩色的直接原因，就是叶片中色素种类和比例发生了变化。

有关研究表明，色素的分布与叶色的季节变化、受环境变化的影响等也紧密相关。例如，紫叶桃、美人梅、紫叶矮樱、红叶李等紫叶树种，其枝叶组织中花色苷（矢车菊色素）的分布越广泛，则叶色季节间的变化越小，且受环境等变化的影响也越小。

三、外部环境

外部因素主要影响叶片中色素的比例与分布，影响发育节律，从而影响叶片的色彩、鲜艳度和挂叶时间。主要的生态因子有：

1.光照

研究表明，光质、光照强度与时间，可影响叶片中色素的比例与分布。例如，红光和蓝光可显著提高紫叶李叶片PAL酶活性，从而增加叶片中花色素苷含量，提高花色素苷／叶绿素的值，使叶片呈现红色。40％的透光率，可显著增加叶绿素的含量，降低花色素苷、类黄酮含量，使叶片呈现绿色；100％的透光率可显著增加花色素苷、类黄酮含量，且随光照强度和时间的延长可显著提高叶片中PAL酶活性，促进花色素苷的生物合成，使叶色变红。

2.温度

研究发现，低温有利于花青素的形成、积累和维持，延长色叶时间。例如，15℃低温可显著促进紫叶李PAL、POD酶活性的提高，从而显著促进花色素苷的合成，提高花色素苷／叶绿素的值，从而使叶片呈现红色；

35℃高温可显著提高紫叶李叶片中叶绿素含量,增大PPO的酶活性,抑制花色素苷的合成,甚至加速其分解,降低花色素苷／叶绿素的值,使叶片呈现绿色。此外,低温还可增加树木根系吸收利于色叶形成的磷、钾元素和微量元素,而减少不利于色叶形成的氮元素的吸收。

昼夜温差大小常成为秋色叶树种色彩表现的决定性因素。较大的昼夜温差,可促进花青素的形成,有利于叶片呈色,如山胡椒,生长在低海拔的秋叶通常不变红而多呈褐色,而分布于高海拔的常呈现紫红、橙红、橙黄、黄褐或金黄色,且色泽鲜艳。

3.水分

空气相对湿度高,有利于叶绿素降解和花青素的合成,对保持叶片亮丽的色彩有利。银杏等一些秋色叶树种,在山区表现为秋叶鲜黄至橙黄,且色泽艳丽,而在平原城市,尤其是作为行道树栽培者,叶端通常枯黄,挂叶期变短,艳丽度往往会降低。

研究表明,土壤含水量与花青素的形成有关。干燥的土壤环境,有利于花青素的形成。

此外,秋季雨水过多或集中,会减短挂叶时间。

4.土壤

土壤的pH对类黄酮类色素的呈色具有决定性的作用。在酸性条件下,花色素苷呈现红色,在碱性条件下则呈现蓝色。例如,紫叶李红色素(矢车菊色素)溶液在pH < 5的条件下红色性状稳定。

土壤中矿物质元素的种类及其含量,对树叶呈色有重要影响。通常情况下,磷、钾元素有利于色叶形成,而氮元素过量则不利于呈色。此外,土壤中一些营养元素的缺乏,也会导致植物表现出异常的颜色,如香樟种植在滨海盐土上,叶片往往呈现出黄色,其原因是碱性的土壤不利于铁元素的吸收,这种黄色与正常的色叶不同,它是一种病症。

5.大气

研究表明,大气中的SO_2、Cl_2、氟化物等污染物可导致酸雨形成,使有利于树叶成色的交换性K、Ca等营养元素损失。此外,粉尘在叶片表面的堆积,会影响植物发育节律,不利于植物叶片呈色。

6.病毒

有研究表明,病毒也可造成某些植物叶片呈现彩色。究其机制,可能与病毒影响植物发育节律,进而影响叶片中色素的比例与分布有关。

另外,喷施某些药物也会引起植物叶片颜色的变化,如白蚁灵、除草剂等,但这是不可遗传的。

第二节
色叶树种分类

色叶树种种类繁多，分类方法也多样。从园林绿化的实际需求和效果出发，主要有按生活型分类、按色彩分类和以季节为主的综合分类。

一、根据生活型分类

根据树干（茎）的形态和发育节律等，可分为以下3类：

1.乔木

具有明显直立主干的树木，高5m以上，上部具若干多次分枝。按照叶片在冬季或旱季是否脱落，又有常绿乔木、半常绿乔木和落叶乔木之分；按照树体高度又可分为大乔木（20m以上）、中乔木（10~20m）和小乔木（10m以下）。

2.灌木

树干分枝多，在树干基部即行分枝，不具明显主干，或虽具明显主干而植株矮小，高度一般不超过5m的树木。按照叶片在冬季或旱季是否脱落，又有常绿灌木、半常绿灌木和落叶灌木之分。

3.木质藤本

主干细长，自身不能直立，需依附、借助他物向上生长或匍匐于地面生长的木本植物。根据叶片在冬季或旱季是否脱落可分为常绿藤本、落叶藤本及半常绿藤本；根据攀附方式及攀附器官构造不同可分为缠绕藤本、攀援藤本。

二、根据色彩分类

根据叶片呈现的颜色及其组合，可分为以下几类。

1.单色类

叶片在同一季节一般只呈现一种颜色的树种。可分为

（1）黄色系：含橙黄色、黄绿色、金黄色、橙色、棕色、棕黄色，如银杏、鹅掌楸、吴茱萸五加、无患子、水青冈、糙叶树、沙朴等。

（2）红色系：含紫红色、暗红色、棕红色、橙红色、红色、猩红色等，如临安槭、蓝果树、长柄双花木、红楠、日本野桐、肉花卫矛等。

（3）紫色系：含淡紫色、紫色、深紫色等，如毛药藤、天仙果、杭州榆、硬斗石栎等。

（4）白色系：含白色、银白色、灰白色等，如马鞍树、芙蓉菊、大叶胡颓子、胡颓子、牛奶子等。

（5）绿色系：是指粉绿与翠绿色，如鹅掌楸嫩叶、青榨槭等。

2.多色类

叶片在同一季节呈现2种及以上艳丽色彩的树种，如窄基红褐柃、香樟、乌桕、枫香、黄连木等。

3.杂色类

一片叶子或一个植株具1种及以上艳丽色彩的树种。包括斑色、双色及零星色叶者，如对萼猕猴桃、红凉伞、秃瓣杜英等。

但很多树种的色叶常呈渐变状，故有时难以归类。

红、黄色系属暖色系，蓝、紫、白、绿等属中冷色系。大自然是最高明的色彩大师，春、秋季天冷时多呈现暖色调，而夏季天热时多呈现中、冷色调。

三、根据季节为主的综合分类

1.春色叶

是指由春梢、夏梢或秋梢嫩叶形成艳丽色彩者，如粤柳、小果薜荔、笔管榕、瓜馥木、刨花润楠、杨梅叶蚊母树、山樱花、粉叶羊蹄甲、马鞍树、秃糯米椴、毛枝连蕊茶、窄基红褐柃、木荷、马醉木、麂角杜鹃、乌饭树等。

2.秋色叶

是指仅秋季老叶形成艳丽色彩者，如银杏、金钱松、台湾水青冈、珊瑚朴、檫木、银缕梅、毛黄栌、海岸卫矛、永瓣藤、临安槭、无患子、吴茱萸五加、毛药藤等。

3.春秋色叶

是指春叶和秋叶均艳丽者，颜色可相近或迥异。例如，榉树、连香树、鹅掌楸、灰白蜡瓣花、枫香、日本野桐、盐肤木、木蜡树、秀丽槭、爬山虎、蓝果树、四照花、厚壳树等。

4.常色叶

是指自新叶至老叶色彩（非绿色）几乎一致者。可分为下列3类。

（1）单色叶：是指全体色叶的颜色呈单一者，如莲座紫金牛、芙蓉菊等。

（2）双色叶：是指叶片两面颜色反差显著且具观赏价值者，如棕脉花楸、叶底红、红凉伞等。

（3）斑色叶：是指绿色叶片上具其他颜色的斑块、斑点或条纹者（也包含少量仅新叶具斑者），如对萼猕猴桃、窄斑叶珊瑚、堇叶紫金牛等。

5.零星色叶

是指一树上常年或季节性具色彩艳丽的零星色叶者，如波叶红果树、中华杜英、秃瓣杜英、薯豆、树参等。

6.多型色叶

是指具2种及以上不同色叶类型组合者，与春秋色叶不同在于不同类型色叶呈现时间常为重叠或几近连续。通常有春+零、春+斑、春+双、春+单、秋+零、秋+双、双+斑等组合，如香樟、短柄榇、栲树、南天竹、野漆树、温州葡萄、锈毛莓等。

本书采用该分类体系。

第三节
浙江野生色叶树种资源

一、资源概况

1.科属组成

据不完全统计，浙江约有野生色叶树种537种（含种下分类等级，下同），隶属于72科201属。其中：

种类丰富的科，主要有：蔷薇科（48种）、壳斗科（34种）、樟科（33种）、槭树科（33种）、豆科（23种）、山茶科（23种）、杜鹃花科（20种）、大戟科（19种）、葡萄科（19种）、忍冬科（15种）、金缕梅科（14种）、桑科（13种）、榆科（12种）、漆树科（10种）、卫矛科（10种）。以上15个科共326种，约占全部种类的60.7%，优良种类也主要集中分布于这些科中。

种类丰富的属，主要有：槭属（33种）、栎属（12种）、石楠属（12种）；种类较丰富的属：山胡椒属（9种）、葡萄属（9种）、柃属（9种）、胡颓子属（9种）、杜鹃花属（9种）、青冈属（8种）、卫矛属（8种）、椴树属（8种）、荚蒾属（8种）、栲属（7种）、榕属（7种）、木姜子属（7种）、润楠属（7种）、冬青属（7种）、泡花树属（7种）、猕猴桃属（7种）、越桔属（7种）、柳属（6种）、悬钩子属（6种）、黄檀属（6种）、野桐属（6种）、鹅耳枥属（5种）、朴属（5种）、樱属（5种）、爬山虎属（5种）、杜英属（5种）、紫薇属（5种）、八角枫属（5种）、紫金牛属（5种）、野茉莉属（5种）、忍冬属（5种）。以上34个属共264种，约占全部种类的49.2%。

2.生活型组成

落叶树种351种，占65.4%；常绿树种186种，占34.6%。乔木树种296种，占55.1%；灌木树种159种，占29.6%；藤本植物82种，占15.3%。

一般而言，落叶树种季相丰富，可形成各种色叶类型，常绿树种多数仅具春色叶，少数可为常色叶（单、双、斑），偶可为秋、零星或多型色叶。

3.色叶类型组成

春色叶196种，占36.5%；秋色叶149种，占27.7%；春秋色叶117种，占21.8%；常色叶35种（含单色叶5种，双色叶25种，斑色叶5种），占6.5%；零星色叶9种，占1.7%；多型色叶31种，占5.8%（图1）。

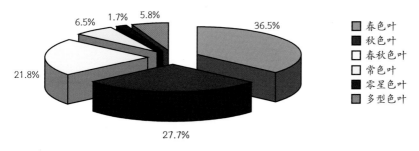

图1 色叶类型组成

4.色叶颜色组成

浙江地处中亚热带，四季分明。由于春色叶、秋色叶树种的呈色季节不同，加上春秋等其他色叶树种在不同的季节会呈现不同的颜色，因此，大自然中不同季节的色叶树种颜色组成也是不尽相同的。下面以春秋两季为例，分析色叶树种颜色组成情况。

春季，以紫色的色叶树种为主，占总种数的56%；黄色者占总种数的26%，位居第二；红色者占总种数的14%，居第三；白色者最少，仅占总种数的4%（图2）。

秋季，紫色、黄色、红色的色叶树种比例相当，分别占总种数的31%、31%和30%；白色者较少，占总种数的8%（图2）。

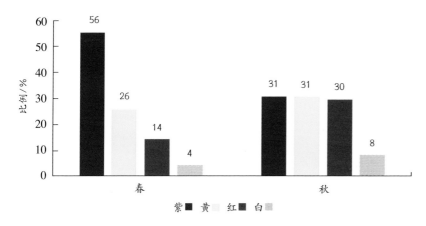

图2 浙江春、秋季色叶树种叶色分布对比

由图2可看出,春季紫色叶比例明显高于秋季,而红色叶与白色叶比例则远远低于秋季,唯黄色叶比例差异较小。

5.珍稀色叶树种资源

国家重点保护野生植物:共18种,其中国家Ⅰ级重点保护野生植物有银杏、银缕梅2种;国家Ⅱ级重点保护野生植物有普陀樟、舟山新木姜子、半枫荷、红豆树、凹叶厚朴、香果树、榉树、连香树、鹅掌楸、香樟、长柄双花木、金钱松、台湾水青冈、长序榆、羊角槭、永瓣藤16种。

浙江省重点保护野生植物:有堇叶紫金牛、柃木、卷斗青冈、乐东拟单性木兰、全缘冬青、杨桐、云南木犀榄、细花泡花树、银钟花、珍珠黄杨、泰顺杜鹃、猫儿屎、夏蜡梅、蜡梅、海滨木槿、浙江安息香、天目玉兰、天目木姜子、杜仲、小花花椒、安徽槭、天目槭、尖萼紫茎23种。

浙江特有种:是指模式标本采自浙江,目前已知的分布范围仅限于浙江的种,有剑苞鹅耳枥、宽叶鹅耳枥、小果薜荔、沼生矮樱、天童锐角槭、平翅三角槭、雁荡三角槭、弯翅色木槭、羊角槭、紫叶爬山虎、温州葡萄、长柄南京椴、尖萼紫茎、浙江紫薇、浙江安息香、浙南菝葜16种。

浙江准特有种:是指模式标本采自浙江或相邻省份,目前已知的分布范围以浙江为主的树种;或分布区在东亚,但在中国或中国大陆的分布区以浙江为主的树种。共43种,其中前者有钟氏柳、山核桃、长序榆、天台小檗、天目木兰、灰毛含笑、夏蜡梅、普陀樟、浙江樟、天目木姜子、浙江润楠、浙闽新木姜子、银缕梅、浙闽樱、泰顺石楠、黄山紫荆、巨紫荆、天台阔叶槭、安徽槭、昌化槭、浙闽槭、临安槭、橄榄槭、稀花槭、卷毛长柄槭、毛鸡爪槭、闽江槭、红叶葡萄、龙泉葡萄、毛枝连蕊茶、秀丽四照花、泰顺杜鹃32种;后者有厚叶石斑木、琉球虎皮楠、海岸卫矛、海滨木槿、滨柃、柃木、日本厚皮香、东瀛四照花、堇叶紫金牛、朝鲜白檀、东亚女贞11种。

二、资源分布

1.水平分布

根据浙江自然地理区划,浙江可划分为北部平原区(Ⅰ)、西北中山丘陵区(Ⅱ)、中部盆地区(Ⅲ)、东部丘陵区(Ⅳ)、南部中山区(Ⅴ)和滨海区(Ⅵ)6个自然地理单元。

据统计,色叶树种在全省6个自然地理单元均有分布的共有122种,隶属于44科85属,常见的有化香树、青冈栎、苦槠、短柄枹、小叶栎、朴树、紫弹树、榔榆、榉树、薜荔、桑、构树、秤钩枫、香樟、山胡椒、山橿、豹皮樟、山鸡椒、红楠、檫木、枫香、檵木、石楠、豆梨、石斑木、野蔷薇、黄檀、美丽胡枝子、紫藤、臭椿、算盘子、卵叶石岩枫、白背叶、油桐、乌桕、黄连木、盐肤木、木蜡树、冬青、卫矛、白杜、肉花卫矛、野鸦椿、苦茶槭、三角枫、长叶冻绿、刺藤子、刺葡萄、异叶爬山虎、扁担杆、梧桐、秃瓣杜英、中华猕猴桃、小叶猕猴桃、毛花连蕊茶、杨桐、微毛柃、木荷、胡颓子、浙江紫薇、赤楠、八角枫、楤木、灯台树、杜鹃、江南越桔、毛果南烛、马银花、乌饭树、拟赤杨、赛山梅、野柿、金钟花、老鼠矢、蓬莱葛、络石、厚壳树、臭牡丹、豆腐柴、牡荆、忍冬、荚蒾等。

（1）北部平原区（Ⅰ）：该区是浙江色叶树种较贫乏的区域之一，共有154种，隶属于45科96属。其中，平原水网地带常见的有粤柳、南川柳、紫柳、朴树、榔榆、榉树、构树、藤葡蟠、薜荔、珍珠莲、桑、香樟、小果蔷薇、软条七蔷薇、野蔷薇、紫藤、臭椿、山麻杆、乌桕、黄连木、冬青、白杜、三角枫、苦茶槭、猫乳、冻绿、异叶爬山虎、爬山虎、葛藟、扁担杆、梧桐、佘山羊奶子、胡颓子、八角枫、络石、臭牡丹、牡荆、忍冬、小果菝葜等；低丘地区种类较丰富，几乎囊括了全省分布的所有种类，但缺乏在浙江范围仅见于该区的树种，唯有西部石灰岩低丘地区分布的毛椑、光皮梾木、皂荚、苦皮藤，东南部杭州湾南岸低丘地区分布的大叶胡颓子、枬木分别与Ⅱ区、Ⅵ区共有。

（2）西北中山丘陵区（Ⅱ）：该区是浙江色叶树种最丰富的区域之一，共有414种，隶属于65科179属。其中银杏、山核桃、槲树、黄山栎、安徽小檗、蜡梅、杜仲、绵毛石楠、巨紫荆、珍珠黄杨、安徽槭、长裂葛萝槭、鸡爪槭、弯翅色木槭、羊角槭、细花泡花树、长柄南京椴、葛枣猕猴桃、光叶堇花、福建紫薇、美丽马醉木、浙江安息香22种在浙江仅见于该区；金钱松、绒毛皂柳、南方千金榆、米心水青冈、台湾水青冈、乌楣栲、锐齿槲栎、枹栎、珊瑚朴、兴山榆、光叶榉、领春木、连香树、猫儿屎、鹅掌楸、黄山玉兰、天目玉兰、夏蜡梅、大果山胡椒、三桠乌药、天目木姜子、长柄双花木、银缕梅、灰叶稠李、黄山花楸、短叶中华石楠、翅荚香槐、肥皂荚、短蕊槐、青灰叶下珠、刺果毒漆藤、常春卫矛、昌化槭、毛果槭、毛鸡爪槭、临安槭、卷毛长柄槭、天目槭、大叶勾儿茶、暖木、红叶葡萄、天目紫茎、三裂瓜木、堇叶紫金牛、线叶蓬莱葛、盘叶忍冬、天目琼花等在浙江也主要分布于该区；该区的石灰岩地区，则是蒙桑、皂荚、小花花椒、苦皮藤、毛椑、光皮梾木等树种的主要分布地。

（3）中部盆地区（Ⅲ）：该区是色叶树种较贫乏的区域之一，共有235种，隶属于55科137属。该区的色叶树种以全省广泛分布的为主，约占一半；次为全省低山丘陵广泛分布的种类，常见的有响叶杨、雷公鹅耳枥、细叶青冈、乌冈栎、杭州榆、华桑、大血藤、尾叶挪藤、防己、乌药、黑壳楠、宁波溲疏、腺蜡瓣花、野山楂、刺叶桂樱、锈毛莓、野珠兰、春云实、春花胡枝子、朵椒、苦木、野桐、毛黄栌、黄杨、尾叶冬青、黄山栾树、中华杜英、尖连蕊茶、厚皮香、中国旌节花、树参、羊踯躅、小叶白辛树、细叶水团花、水马桑等；在浙江范围内仅见于该区的种类有永瓣藤。

（4）东部丘陵区（Ⅳ）：该区色叶树种较丰富，共有366种，隶属于62科166属。该区的色叶树种以全省广泛分布的为主，约占1/3；次为全省低山丘陵广泛分布的种类，常见的有银叶柳、甜槠、麻栎、硬斗石栎、天仙果、青皮木、鹰爪枫、南天竹、浙江樟、细叶香桂、红脉钓樟、蜡莲绣球、钟花樱、棣棠花、中华石楠、中华绣线菊、香港黄檀、香槐、香花崖豆藤、臭辣树、落萼叶下珠、白木乌桕、虎皮楠、南酸枣、青榨槭、无患子、异色猕猴桃、窄基红褐柃、紫薇、北江荛花、秀丽四照花、短尾越桔、毛药藤、糯米条等。该区也有一些狭域分布种，如钟氏柳、江南桤木、菱果柯、大叶臭椒、锈叶野桐、青麸杨、轮叶蒲桃、银钟花等在浙江范围仅见于该区和Ⅴ区；枹栎、光叶榉、夏蜡梅、大果山胡椒、天目木姜子、银缕梅、毛果槭、毛鸡爪槭、长柱紫茎、紫茎、天目琼花等仅见于该区和Ⅱ区；东瀛四照花仅见于本区和Ⅵ区；而剑苞鹅耳枥、宽叶鹅耳枥、天台阔叶槭、毛芽椴4种，在浙江仅见于该区。

（5）南部中山区（Ⅴ）：该区是浙江色叶树种最丰富的区域，共有466种，隶属于66科189属。其中卷斗青冈、尖叶栎、异叶榕、灰毛含笑、乐东拟单性木兰、瓜馥木、木姜子、凤凰润楠、台湾林檎、泰顺石楠、尾叶悬钩子、福建悬钩子、粉叶羊蹄甲、广西紫荆、象鼻藤、红豆树、东方古柯、小乌桕、广东冬青、乳源槭、闽江槭、三峡槭、毛枝蛇葡萄、紫叶爬山虎、闽赣葡萄、龙泉葡萄、温州葡萄、大果俞藤、翻白叶树、绒果梭罗、长叶猕猴桃、大萼黄瑞木、毛枝连蕊茶、金叶细枝柃、亮叶厚皮香、喜马拉雅旌节花、巴东胡颓子、叶底红、窄斑叶珊瑚、江南山柳、刺毛杜鹃、泰顺杜鹃、虎舌红、云南木犀榄、短柱络石、无毛淡红忍冬、浙南菝葜等58种在浙江仅见于该区。

（6）滨海区（Ⅵ）：该区色叶树种较丰富且最具地域特色，共有310种，隶属于61科154属。该区的色叶树种以全省广泛分布的种类为主，尤其是低山丘陵常见的种类，占2/3以上，但也有一些狭域分布种，如少叶黄杞、笔管榕、木姜润楠、半枫荷、南岭黄檀、藤黄檀、山杜英、黄瑞木、细齿柃、伞形八角枫、山牡荆等在浙江范围仅见于该区和Ⅴ区；而小果薜荔、普陀樟、舟山新木姜子、厚叶石斑木、椿叶花椒、台闽算盘子、琉球虎皮楠、全缘冬青、海岸卫矛、天童锐角槭、海滨木槿、滨柃、日本厚皮香、东亚女贞、芙蓉菊15种在浙江仅见于该区；柃木、大叶胡颓子等在浙江也主要见于该区。

2.垂直分布

在垂直梯度上，大致可分为低海拔区域（200m以下）、中海拔区域（200~800m）和高海拔区域（800m以上），各海拔段的色叶树种分布如下：

（1）低海拔区域：是色叶树种分布比较集中的地带，钟氏柳、紫柳、赤皮青冈、卷斗青冈、槲栎、珊瑚朴、榔榆、笔管榕、小果薜荔、黑弹树、榉树、天仙果、南天竹、秤钩枫、香樟、舟山新木姜子、小叶蚁母树、楼木石楠、泰顺石楠、粉叶羊蹄甲、红豆树、日本野桐、椿叶花椒、小花花椒、山麻杆、毛黄栌、海岸卫矛、三角枫、浙闽槭、黄山栾树、山杜英、海滨木槿、日本厚皮香、毛枝连蕊茶、南紫薇、瓜馥木、栓翅爬山虎、滨柃、莲座紫金牛、芙蓉菊等色叶树种主要分布于该海拔段。

（2）中海拔区域：是色叶树种最丰富的地带，金钱松、宽叶鹅耳枥、钩栗、南岭栲、米槠、细叶青冈、云山青冈、栓皮栎、夏蜡梅、乐东拟单性木兰、细叶香桂、红脉钓樟、刨花润楠、薄叶润楠、黄丹木姜子、檫木、银缕梅、伞花石楠、香槐、野桐、虎皮楠、南酸枣、肉花卫矛、永瓣藤、锐角槭、昌化槭、阔叶槭、秀丽槭、橄榄槭、乳源槭、紫果槭、闽江槭、刺藤子、龙泉葡萄、无患子、中华杜英、薯豆、猴欢喜、紫茎、细齿叶柃、亮叶厚皮香、厚皮香、对萼猕猴桃、异色猕猴桃、小叶猕猴桃、秀丽四照花、马银花、泰顺杜鹃、刺毛杜鹃等色叶树种主要分布于该海拔段。

（3）高海拔区域：该地带以落叶树种为主，银杏、绒毛皂柳、川榛、短柄榛、江南桤木、锐齿槲栎、米心水青冈、光叶水青冈、台湾水青冈、小叶青冈、褐叶青冈、多脉青冈、枹栎、黄山栎、光叶榉、连香树、庐山小檗、缺萼枫香、山樱花、棕脉花楸、湖北山楂、波叶红果树、湖北算盘子、毛漆树、毛鸡爪槭、安徽槭、卷毛长柄槭、三峡槭、秃糯米椴、华东椴、葛枣猕猴桃、长柱紫茎、尖萼紫茎、四照花、云锦杜鹃、猴头杜鹃、乌饭树、扁枝越桔、合轴荚蒾、天目琼花等色叶树种主要分布于该海拔段。

值得一提的是，部分色叶树种的生态幅度较宽广，从低海拔到高海拔均有分布，如粤柳、化香、山核桃、雷公鹅耳枥、锥栗、甜槠、青冈栎、短柄枹、薜荔、红果钓樟、山胡椒、山鸡椒、钟花樱、美丽胡枝子、朵椒、木蜡树、野漆树、盐肤木、冬青、野鸦椿、毛脉槭、长裂葛萝槭、长叶冻绿、多花勾儿茶、异叶爬山虎、南京椴、中华猕猴桃、微毛柃、翅柃、窄基红褐柃、木荷、棘茎楤木、刺楸、毛果南烛、野柿、络石、茶荚蒾、浙南菝葜、菝葜等。

3.频度分布

按照色叶植物在分布区内的常见程度，可粗略分为下列5级：

（1）极常见：共有79种，占色叶树种总数的14.7%。代表种有化香树、青冈栎、短柄枹、榔榆、天仙果、薜荔、珍珠莲、香樟、红楠、山胡椒、山鸡椒、枫香、光叶石楠、野珠兰、东南悬钩子、紫藤、卵叶石岩枫、乌桕、盐肤木、木蜡树、长叶冻绿、异叶爬山虎、广东蛇葡萄、爬山虎、中华猕猴桃、毛花连蕊茶、微毛柃、窄基红褐柃、木荷、赤楠、楤木、马银花、乌饭树、江南越桔、络石、茶荚蒾、老鼠矢、菝葜、小果菝葜等。它们多为全省广泛分布的种类，唯有日本野桐、柃木分布区域狭窄，但在分布区内十分常见，常可成为群落优势种。

（2）常见：共有90种，占色叶树种总数的16.8%。代表种有石楠、细叶青冈、褐叶青冈、小叶青冈、甜槠、中华石楠、锈毛莓、异色猕猴桃、毛八角枫、雷公鹅耳枥、红果钓樟、红脉钓樟、豹皮樟、薄叶润楠、浙江新木姜子、檫木、石斑木、美丽胡枝子、臭辣树、臭椿、野桐、油桐、南酸枣、黄连木、野漆、冬青、卫矛、肉花卫矛、三角枫、青榨槭、毛脉槭、苦茶槭、多花勾儿茶、猫乳、绿爬山虎、小叶猕猴桃、尖连蕊茶、隔药柃、北江荛花、蓝果树、吴茱萸五加、刺楸、灯台树、四照花、毛果南烛、马醉木、麂角杜鹃、野柿、厚壳树、宜昌荚蒾等。除了伞花石楠、椿叶花椒、绿叶冬青、毛山鸡椒、黄牛奶树等少数种类的分布区较局限外，在全省分布均较广泛。

（3）较常见：共有122种，占色叶树种总数的22.7%。代表种有金钱松、南岭栲、米槠、槲栎、榉树、青皮木、尾叶挪藤、南天竹、秤钩枫、黄丹木姜子、浙江樟、狭叶山胡椒、刨花润楠、灰白蜡瓣花、杨梅叶蚊母树、缺萼枫香、钟花樱、湖北山楂、刺叶桂樱、光萼林檎、浙闽樱、疏毛绣线菊、香槐、马鞍树、湖北算盘子、白木乌桕、落萼叶下珠、朵椒、虎皮楠、毛黄栌、阔叶槭、色木槭、秀丽槭、紫果槭、红枝柴、黄山栾树、冻绿、网脉葡萄、俞藤、对萼猕猴桃、中华杜英、薯豆、猴欢喜、梧桐、厚皮香、浙江紫薇、云山八角枫、树参、秀丽四照花、云锦杜鹃、短尾越桔、毛药藤等。除了浙南分布的椤木石楠、藤黄檀、金叶细枝柃、江南山柳、刺毛杜鹃、长叶猕猴桃和滨海地区分布的厚叶石斑木、海岸卫矛、芙蓉菊等分布区较狭窄外，在全省的分布较为广泛。

（4）少见：共有115种，占色叶树种总数的21.4%。代表种有光叶水青冈、异叶榕、笔管榕、浙闽新木姜子、波叶红果树、台湾林檎、石灰花楸、棕脉花楸、粉叶羊蹄甲、青灰叶下珠、毛漆树、毛鸡爪槭、闽江槭、温州葡萄、长柱紫茎、毛枝连蕊茶、轮叶蒲桃、窄斑叶珊瑚、扁枝越桔、浙南菝葜等，它们的分布区相对较为狭窄。另一些树种，如钩栗、粤柳、川榛、山樱花、南紫薇、赤皮青冈、云山青冈、珊瑚朴、拟豪猪刺、庐山小檗、阔叶十大功劳、山皂荚、山麻杆、雁荡三角槭、临安槭、稀花槭、无患子、毡毛泡花树、木犀、庐山石楠、紫柳、短柄枹、米心水青冈、水青冈、细叶香桂、腺叶桂樱、绒毛石楠、杜英、紫薇、轮叶赤楠等，它们在全省的分布区范围虽然较大，但分布较为零星。

（5）偶见：共有131种，占色叶树种总数的24.4%。代表种有银杏、台湾水青冈、卷斗青冈、光叶榉、小果薜荔、连香树、鹅掌楸、乐东拟单性木兰、舟山新木姜子、长柄双花木、银缕梅、小叶蚊母树、泰顺石楠、红豆树、小花花椒、珍珠黄杨、永瓣藤、乳源槭、长裂葛萝槭、浙闽槭、毛果槭、大果俞藤、海滨木槿、日本厚皮香、叶底红、泰顺杜鹃、莲座紫金牛、堇叶紫金牛等。而锐角槭、尖萼紫茎、短毛椴、秃糯米椴、黄杨等的分布区虽然略广，但分布十分零星。

第四节
色叶树种园林应用

一、园林用途

1.园景树

是指树姿优美，适合孤植的树种。适合作园景树的春色叶树种有粤柳、山樱花、马鞍树、米槠、赤皮青冈、笔管榕、舟山新木姜子、刨花润楠、红楠、杨梅叶蚊母树等；秋色叶树种有银杏、金钱松、水青冈、珊瑚朴、椭榆、檫木、临安槭、南京椴、紫茎、梧桐、吴茱萸五加、海岸卫矛、紫果槭、马醉木、麂角杜鹃等；春秋色叶树种有榉树、连香树、鹅掌楸、枫香、灰白蜡瓣花、钟花樱、乌桕、日本野桐、黄连木、三角枫、蓝果树等；常色叶树种有棕脉花楸、牛奶子、黄杨、对萼猕猴桃、芙蓉菊等；零星色叶树种有秃瓣杜英、薯豆、中华杜英、树参等；多型色叶树种有川榛、香樟、石楠、厚叶石斑木、刺叶桂樱、野漆树、日本厚皮香等。

2.行道树

是指树干通直，冠形整齐，冠大荫浓，无异味，无毒，生长迅速，耐修剪，抗逆性强的树种。适合作行道树的春色叶树种有浙闽樱、臭椿、秃糯米椴、银钟花、细叶青冈、赤皮青冈、卷斗青冈、云山青冈、浙江樟、红豆树、冬青等；秋色叶树种有银杏、珊瑚朴、鸡爪槭、椭榆、无患子、南京椴、海岸卫矛、闽江槭等；春秋色叶树种有榉树、朴树、鹅掌楸、连香树、枫香、山乌桕、黄连木、秀丽槭、毛脉槭、蓝果树、南酸枣、青榨槭、黄山栾树等；常色叶树种有棕脉花楸、石灰花楸等；零星色叶树种有中华杜英、杜英、薯豆等；多型色叶树种有香樟、刺叶桂樱、石楠、猴欢喜、厚皮香等。

3.色块

是指适合密植做色块的树种，要求树形低矮、枝叶细小密集、萌芽力强、耐修剪，生长缓慢。适合作色块的春色叶树种有粉花绣线菊、小叶蚊母树、毛枝连蕊茶、窄基红褐枵、绿叶冬青、轮叶赤楠、乌饭树、短尾越桔等；秋色叶树种有中华绣线菊、稀花槭等；春秋色叶树种有庐山小檗、野珠兰、三角枫、秀丽四照花、扁枝越桔等；常色叶树种有芙蓉菊、黄杨、珍珠黄杨、窄斑叶珊瑚等；零星色叶树种有波叶红果树、天台小檗等；多型色叶树种有南天竹、阔叶十大功劳、拟豪猪刺、滨柃、泰顺石楠等。

4.廊架

是指适合采用廊、架方式配置美化的藤本植物。其中叶、花俱美的有络石、紫藤、中华猕猴桃、粉叶羊蹄甲、毛花猕猴桃、长叶猕猴桃等；叶、果俱美的有尾叶挪藤、瓜馥木、永瓣藤、多花勾儿茶、刺葡萄、网脉葡萄、俞藤、对萼猕猴桃、异色猕猴桃、小叶猕猴桃等。

5.彩篱

是指枝叶密集、株型紧凑、萌芽力强、耐修剪的树种，以常绿灌木、小乔木树种为主。适合作彩篱的春色叶树种有小叶蚊母树、尖连蕊茶、翅柃、窄基红褐柃、金叶细枝柃、马醉木、马银花、乌饭树、轮叶赤楠等；秋色叶树种有紫果槭、毛黄栌、雁荡三角槭等；春秋色叶树种有连香树、庐山小檗、沼生矮樱、庐山石楠、蜡瓣花等；常色叶树种有黄杨、珍珠黄杨、毛果杜鹃、窄斑叶珊瑚等；零星色叶树种有天台小檗等；多型色叶树种有南天竹、阔叶十大功劳、滨柃、厚叶石斑木、光叶石楠、日本厚皮香等。

6.湿地绿化

是指适合湿地、水岸景观营造的耐水湿树种。此类树种以落叶乔灌木为主，重要的有粤柳、乌桕、海滨木槿、沼生矮樱等。

7.滨海盐碱地绿化

是指适合滨海盐碱地绿化美化的树种，要求耐盐碱、耐水湿、抗风性能强，常见的有珊瑚朴、椰榆、榉树、笔管榕、厚叶石斑木、滨柃、日本厚皮香、天仙果、椿叶花椒、日本野桐、黄连木、海岸卫矛、海滨木槿、芙蓉菊等。

8.岩性土绿化

是指适合石灰土、紫色土绿化的树种，要求耐干旱、耐瘠薄、耐盐碱。其中，适合石灰土绿化美化的有石楠、冬青、浙江樟、红果钓樟、红脉钓樟、山皂荚、黄连木、毛八角枫、刺楸、南天竹、山胡椒、狭叶山胡椒等；适合紫色土绿化美化的有黄山紫荆、毛黄栌、盐肤木、紫薇等。

9.边坡岩体绿化

是指适合公路边坡、矿迹宕地复绿及公园岩景美化的树种，要求具有耐干旱、耐瘠薄、枝叶茂密的特性。适合公路边坡、矿迹宕地复绿的树种很多，常见的有光叶石楠、厚皮香、牛奶子、山鸡椒、美丽胡枝子、卵叶石岩枫、盐肤木、三角枫、雁荡三角枫、紫果槭、乌饭树等。适合于公园岩景美化的树种，除了前述的廊架植物之外，还有薜荔、小果薜荔、毛药藤等常绿藤本，以及秤钩枫、藤黄檀、卵叶石岩枫、广东蛇葡萄、毛枝蛇葡萄、异叶爬山虎、爬山虎等落叶藤本。

10.风景片林

是指适合大面积成片栽植作为风景林的树种。它可以是一个树种为主，也可以由多个树种混交配置。此类色叶树种很多，几乎所有的乔木和部分小乔木、灌木树种均适合做风景片林，不胜枚举。

二、配置方式

1.孤植

主要表现树木的形体美，可以独立成景物供观赏用。一般要求树体高大雄伟，树形优美，且寿命较长，以兼具有美丽的花、果、树皮的种类更佳。此类色叶树种主要有金钱松、银杏、枫香、珊瑚朴、榉树、鹅掌楸、蓝果树、水青冈、肉花卫矛、乌桕、锐角槭、细叶青冈、钩栗、笔管榕、香樟、红楠、薄叶润楠、红豆树、乐东拟单性木兰、浙江樟、海岸卫矛等，一般应用于开阔的大草坪、林中空地，广场或建筑院落中心，可眺望远景的山顶或山坡，开阔水边、桥头、自然园路或溪流转弯处、道路交叉口等开敞空间，多以单株栽植的方式，也可2~3株密植构成一个整体树冠，形成视觉焦点。

在园林风景构图中，孤植树也常作山石、建筑的配景应用，此类孤植树的姿态、色彩要与所衬托的主景既有反差又不失协调性。

2.对植

对植是将两株树按一定的轴线关系作相互对称或均衡的配置方式。它在园林艺术构图中只起陪衬和烘托主景的作用。对植可以是2株树，也可以是2个树丛（群），有对称、非对称栽植2种方式，前者多用于建筑大门两侧，后者多用于自然式园林入口、桥头、园中园入口等两侧。适合对植的色叶树种较多，如银杏、金钱松、珊瑚朴、秀丽槭、冬青、蓝果树等。

3.丛植和聚植

丛植：由一、二株至一、二十株同种类的树种较紧密地种植在一起，其树冠线彼此密接而形成一整体外轮廓线的种植方式。其目的是发挥群体的抗逆作用，强调整体美。而由二、三株至一、二十株不同种类的树种，或用若干丛植组成一个景观单元的种植方式称为聚植（集植、组植），其目的是同时表现不同种类的个性特征美和协调组合的群体美。适合丛植和聚植的色叶树种较多，如南天竹、阔叶十大功劳、山鸡椒、毛黄栌、肉花卫矛等多数灌木、小乔木，以及尖萼紫茎、山樱花、乐东拟单性木兰、浙江樟、秃瓣杜英等乔木。

4.群植（树群）

由二、三十株以上至数百株的乔木、灌木成群配置而构成树群的种植方式。它可由单一树种单层组成，也可由多个树种复层混交组成，在园林中多作背景、伴景，在自然风景中也可作主景。适合群植的色叶树种很多，几乎所有的乔木、小乔木都合适群植。

5.林植

是较大面积、多株数呈片林状的种植方式，也称为片植。多用于工矿场区防护隔离带、城市外围的绿化带和自然风景区中的风景林。几乎所有的乔木色叶树种、多数常绿的灌木树种均适合林植，其中小叶蚊母树、窄基红褐栲、南天竹等低矮灌木可用作色块、地被。

需注意的是，色叶树种的配置中，背景或衬景宜采用绿色或蓝色；在聚植、群植和林植时，要注意各混交树种的生态学特性，做到适地适树；要注意各混交树种的生物学特性，避免阴阳颠倒配置及生化相克现象发生；从稳定性角度出发，尽量模拟自然群落选择建群树种、伴生树种一起构建风景林（带）。

第五节
野生资源开发利用

一、开发利用概述

1.开发利用现状

目前国内园林中广泛应用者，主要依赖国外选育之品种，如紫叶小檗、红叶李、美人梅、紫叶矮樱、美国红栌、金心冬青卫矛、银边扶芳藤、红枫、千层金、花叶常春藤、金叶女贞、花叶络石、金叶假连翘、金叶大花六道木等，而红叶石楠、紫叶桃、金边胡颓子、银姬小蜡等，虽然原种或亲本原产于我国，但栽培品种也是从国外引进的。另外，银杏、金钱松、珊瑚朴、榉树、舟山新木姜子、鹅掌楸、枫香、乌桕、野漆树、南酸枣、三角枫、秃瓣杜英、无患子、山麻杆、南天竹、爬山虎等树种，由于它们天生丽质，已被广泛地应用于园林绿化，但多数是利用原种，甚至是直接利用野生植株，而由国人自己选育的栽培品种，真可谓寥寥无几、屈指可数。近年来，国内一些有识之士，开始重视开发具有自主知识产权的色叶品种，相继选育出了金枝垂柳、红叶杨、黄金槐、红叶香樟、金叶珊瑚朴、红花檵木、红叶香椿、中华金叶榆等一批优良的乡土新品种，但更多的野生色叶树种依然"养在深山无人识"。

2.开发利用前景

历史经验告诉我们，彩化浙江，不能依赖引进品种；美丽乡村，必须发掘乡土树种，才能体现地方特色。

根据著者多年的调查研究，浙江有待开发的野生色叶树种资源十分丰富。其中，具有极高观赏价值的树种就有88种之多，其中春色叶树种有甜槠、浙江樟、黄丹木姜子、刨花润楠、云和新木姜子、小叶蚊母树、杨梅叶蚊母树、尖连蕊茶、毛枝连蕊茶、窄基红褐柃、木荷、马醉木、麂角杜鹃、马银花、乌饭树、木犀、粤柳、山樱花、台湾林檎、粉叶羊蹄甲、马鞍树、中华猕猴桃等；秋色叶树种有台湾水青冈、毛黄栌、海岸卫矛、肉花卫矛、永瓣藤、紫果槭、雁荡三角槭、临安槭、鸡爪槭、长柱紫茎、吴茱萸五加等；春秋色叶树种有连香树、红脉钓樟、灰白蜡瓣花、缺萼枫香、钟花樱、臭辣树、椿叶花椒、日本野桐、山乌桕、黄连木、盐肤木、木蜡树、秀丽槭、毛果槭、橄榄槭、色木槭、毛脉槭、毛鸡爪槭、蓝果树、四照花、毛果南烛、异叶爬山虎、网脉葡萄等；常色叶树种有红凉伞、芙蓉菊、对萼猕猴桃等；零星色叶树种有杜英、中华杜英、薯豆等；多型色叶树种有香樟、光叶石楠、石楠、日本厚皮香、短柄枹、菝葜等。具有较高开发价值的有200种之多，其中春色叶树种有栲木、金叶细枝栲、轮叶赤楠、刺毛杜鹃、淡红乌饭树、九节龙、米槠、南岭栲、赤皮青冈、细叶青冈、卷斗青冈、菱果柯、笔管榕、豹皮樟、浙闽新木姜子、椤木石楠、红豆树、虎皮楠、毡毛泡花树、黄牛奶树、小果薜荔、尾叶挪藤、瓜馥木、浙闽樱、毛叶山樱花、山皂荚、秃糯米椆、藤黄檀、长叶猕猴桃等；秋色叶树种有米心水青冈、椰榆、檫木、银缕梅、长柄双花木、小花花椒、平翅三角槭、闽江槭、稀花槭、三峡槭、尖萼紫茎、毛八角枫、秤钩枫、毛药藤、大果俞藤等；春秋色叶树种有秀丽四照花、天仙果、红果钓樟、野桐、锐角槭、阔叶槭、乳源槭、青榨槭、浙闽槭、灯台树、野柿、厚壳树、庐山小檗、沼生矮樱、白木乌桕、扁枝越桔、络石等；常色叶树种有栲树、棕脉花楸、石灰花楸、虎舌红、莲座紫金牛、堇叶紫金牛、叶底红、巴东胡颓子、窄斑叶珊瑚、牛奶子、葛枣猕猴桃等；零星色叶树种有树参、波叶红果树等；多型色叶树种有泰顺石楠、厚叶石斑木、滨枥、泰顺杜鹃、刺叶桂樱、温州葡萄等。此外，具一定观赏价值的色叶树种有248种。

二、开发技术要点

野生色叶树种要实行科学的开发与利用，必须着重抓好以下环节的工作：

1.资源调查评价

（1）资源普查：查清区域内优良种类或类型，以及所处地点相应的地形地貌、气候、土壤、植被因子等。调查时间以4~5月和10~11月两个时段为佳。对性状优异的优良个体，在野外进行GPS定位、标记。

（2）资源综合评价：野生色叶树种资源丰富、种类繁多，其中不乏色彩鲜艳、观赏价值高、应用前景广阔的种类。为有序地对这些树种进行开发，首先应对这些树种进行综合评价，即选择评价指标，确定各个指标的权重和评价等级，制定评价体系模型和评价标准，对野生色叶树种进行定量与定性相结合的综合评价，并据此确定色叶树种的开发顺序。常用的评价指标主要有：观赏性（鲜艳度、纯净度、整齐度、特异性）、表现期（观赏期）、适应性、稳定性、扩繁性、用途等。

2.引种繁育试验

（1）采种建圃：人工采集优良种源（优株）的种子、插条、接穗等，建立资源圃。

（2）特性研究：开展生物学、生态学特性观测研究。

（3）繁殖试验：开展扦插、嫁接、组培、播种等试验。

（4）试种观察：观察不同种源在不同地域、海拔、生境中的表现，尤其是在城市环境中的表现。

（5）优株选择：调查中发现，同一树种的不同个体是否形成色叶及色彩类型、颜色艳丽程度等往往差异较大，故必须进行选优工作，即对观赏性状优良、遗传性状稳定的单株、个体进行标记、测定和选择。

3.苗木生产应用

（1）人工扩繁：采用扦插、嫁接、组培、播种等技术，生产自然树形或矮化的苗木。

（2）推广应用：本地及相近气候区域先行推广。

三、开发利用建议

1.开展资源普查

开展资源普查，掌握资源本底，是野生色叶树种开发利用的基础。目前我们虽然已经基本掌握了全省色叶树种的种类与分布，但对于一些由基因突变而产生的优异植株、枝条等种质资源来说，这种调查与研究是永无止境的。

2.加强科学研究

色叶树种优良种类与个体的选择、新品种的培育、引种试验乃至推广应用，都需要科学技术。要积极开展色叶树种呈色的遗传机制、生理生化研究，开展引种栽培、自主开发选育研究，开展人工繁育技术研究，开展游憩林林相优化抚育技术研究。

3.保护特色种质

特色种质资源主要有两类：一是区域特有种，如银缕梅、半枫荷、红豆树、凹叶厚朴、香果树、榉树、长序榆、永瓣藤、堇叶紫金牛、卷斗青冈、乐东拟单性木兰、蜡梅、天目玉兰、天目木姜子、小花花椒、银钟花等中国特有种，钟氏柳、剑苞鹅耳枥、宽叶鹅耳枥、天台小檗、夏蜡梅、灰毛含笑、浙江樟、沼生矮樱、泰顺石楠、巨紫荆、珍珠黄杨、天童锐角槭、天台阔叶槭、平翅三角槭、宁波三角槭、雁荡三角槭、昌化槭、临安槭、天目槭、橄榄槭、稀花槭、弯翅色木槭、卷毛长柄槭、毛鸡爪槭、闽江槭、温州葡萄、尖萼紫茎、长柄南京椴、毛枝连蕊茶、浙江紫薇、泰顺杜鹃、浙江安息香、浙南菝葜等浙江特有种、准特有种；二是个体变异植株与枝条，如枫香、垂珠花的紫色叶变异个体，四照花的金叶变异个体，秃瓣杜英的紫叶及花叶变异个体，滨柃的紫叶与花叶变异枝条，黄杨的金叶个体和红叶变异枝条等。这些特色资源，是色叶树种特色优良品种选育的重要基础，是重要的战略资源，必须严加保护。

各论

001

粤柳

学名 *Salix mesnyi* Hance　　　科名 杨柳科 Salicaceae

形态

落叶小乔木，高达10m。树皮灰褐色，深纵裂。冬芽发达，短圆锥形。单叶互生；叶片厚纸质，长圆状披针形，7~11cm×3~5cm，先端长渐尖或长尾尖，基部圆形或微心形，上面有光泽，边缘有细腺齿，中脉隆起，侧脉细密，网脉明显；叶柄长1~1.5cm。雌雄异株；均为葇荑花序。蒴果小，卵形，无毛。种子基部具绵毛。花期3月，果期4月。野外较常见。

地理分布

产于湖州、杭州、绍兴、宁波、舟山、金华、丽水；分布于华东、华南。

特性

生于海拔100~1000m的溪沟边或山地沼泽中。喜温暖湿润气候，对土壤要求不严，但不喜钙质土和盐碱土。喜光；耐寒；萌蘖性极强，耐修剪；生长较快。

园林用途

树姿优美，叶片清秀，新叶紫红，艳丽夺目，观赏期4~6月，若行修剪，可延长观赏期。适于作湿地美化，或密植修剪作彩篱。

繁殖方式

播种、扦插。

春色叶

春色叶

春色叶

002 化香树

学名 *Platycarya strobilacea* Sieb. et Zucc. 科名 胡桃科 Juglandaceae 别名 化树蒲

形态

落叶乔木，高可达15m。树皮灰色，浅纵裂。羽状复叶互生，具小叶5~11枚，小叶无柄，对生或上部的互生，卵状披针形至椭圆状披针形，2.8~14cm×0.9~4.8cm，先端渐尖，基部近圆形，偏斜，边缘有细尖重锯齿。果序球果状，3~4cm×2~3cm，熟时深褐色；小坚果扁平，两侧有狭翅。花期5~6月，果期10月。野外极常见。

地理分布

产于全省山区及低山丘陵；分布于华东、华中、华南、西南及陕西；日本、朝鲜也有。

特性

生于海拔50~1000m的山坡疏林或灌丛中。喜温暖湿润气候，对土壤要求不严。喜光；耐寒；耐海雾；耐干旱瘠薄，萌蘖性和抗风性强，耐修剪；生长中速。

园林用途

新叶鹅黄至紫红，较为艳丽，观赏期3~5月。适用于园林景观树，尤宜密植修剪作彩篱。

繁殖方式

播种。

附注

为重要鞣料及纤维植物；根、叶、果可入药。

春色叶

春色叶

春色叶

果枝

003 甜槠

学名 *Castanopsis eyrei* (Champ. ex Benth.) Tutch. 科名 壳斗科 Fagaceae 别名 茅丝栗

形态

常绿乔木，高达20m。树皮浅纵裂；枝条疏生突起皮孔；枝、叶无毛。单叶互生；叶片卵形至长椭圆形，5~7cm×2~4cm，先端尾尖，基部宽楔形至圆形，歪斜，全缘或顶部有少数钝齿，下面淡绿色，光滑。壳斗卵球形，被粗短的分枝刺，连刺直径1.5~2.5cm，不规则开裂，内具1坚果；坚果宽卵形至近球形，径1~1.4cm，褐色。花期4~6月，果期9~11月。野外常见。

地理分布

产于全省山区；分布于除海南、云南外的长江以南各地。

特性

生于海拔1800m以下的常绿阔叶林或针阔混交林中，系地带性植被常绿阔叶林最重要的建群种之一。喜温暖湿润气候及深厚肥沃的酸性土壤。喜光；耐旱，不耐水涝；萌蘖性较强，稍耐修剪，生长较慢。

园林用途

树冠雄伟，枝叶茂密，新叶常呈紫红、紫褐或黄绿色，具光泽，观赏期3~5月。适用于园林景观树或森林公园栽植，也可用苗密植，并修剪作彩篱。

繁殖方式

播种。

附注

果仁富含淀粉及可溶性糖，味甜，可生食，炒食具香味，亦可酿酒。木材坚硬，经久耐用，不易变形。

相近种

米槠 *C. carlesii*，与甜槠区别在于叶片较狭长，先端长渐尖至尾尖，基部楔形，常不偏斜，下面幼时具灰棕色粉状鳞秕，老时呈苍白色。

春色叶

春色叶

春色叶

甜槠林春季外貌

果枝

春色叶

米槠

春色叶

春色叶

枝叶

004 | 钩栗

学名 *Castanopsis tibetana* Hance　　**科名** 壳斗科 Fagaceae　　**别名** 钩栲

形态

常绿乔木，高达30m。树皮呈薄片状剥落；小枝粗壮，无毛。单叶互生；叶片厚革质，长圆形，15~25cm×5~10cm，先端急尖，基部圆形至宽楔形，边缘中部以上有疏锯齿，上面深绿色，有光泽，下面密被棕褐色鳞秕，后变为银灰色，中脉常呈紫红色；叶柄长1.5~4cm。壳斗球形，密被长刺。坚果扁圆锥形，直径2cm。花期4~5月，果翌年8~10月成熟。野外少见。

地理分布

产于全省山区；分布于长江以南各地。

特性

生于海拔800m以下较湿润的山谷、山坡阔叶林中。喜温暖湿润气候及深厚肥沃的酸性土壤。较喜光；不耐旱，不耐水涝；萌蘖性较强，稍耐修剪，生长较慢。

园林用途

树冠宽大，枝叶浓密，两面叶色迥异，新叶常呈艳紫色，十分可爱，观赏期4~5月。适用于园林景观树或森林公园栽植。

繁殖方式

播种。

附注

坚果可食。

相近种

南岭栲 *C. fordii*，与钩栗区别在于叶片较狭窄，基部浅心形，全缘，叶柄长1~3mm，小枝及叶背密被黄褐色绒毛。本省产于丽水、温州及建德、开化。

春色叶　　叶背

春色叶

南岭栲

005 赤皮青冈

学名 *Cyclobalanopsis gilva* (Bl.) Oerst. 科名 壳斗科 Fagaceae 别名 赤皮椆

形态

常绿乔木，高达20m。小枝、芽及叶背均密生黄褐色星状绒毛。单叶互生；叶片革质，倒披针形或倒卵状披针形，6~12cm×2~3cm，先端短尖，基部楔形，边缘中部以上有尖锐锯齿，侧脉11~15对；叶柄长约1cm，有毛。壳斗碗状，外具6~7个连续同心环；坚果1枚，卵形或椭圆形，径1~1.3cm。花期4~5月，果期10~11月。野外少见。

地理分布

产于舟山、宁波、台州及松阳等地；分布于福建、湖南、台湾、广东、贵州。

特性

生于海拔300m以下的山谷、山坡阔叶林中。喜温暖湿润气候及深厚肥沃的酸性土壤。较喜光；不耐旱；萌蘖性较强，稍耐修剪，生长中速。

园林用途

树体伟岸，枝叶浓密，两面叶色迥异，新叶常呈黄褐或银白色，观赏期3~4月。适用于园林景观树及森林公园栽植，或试作行道树及矮化密植作绿篱。

繁殖方式

播种。

附注

材质坚重，心材红褐色，称"红椆"，古时即列为"江南四大名木"之一，为珍贵用材树种；坚果淀粉可供酿酒；树皮及壳斗可提制栲胶。

枝叶　春色叶　春色叶　春色叶

006 青冈栎

学名 *Cyclobalanopsis glauca* (Thunb.) Oerst. 科名 壳斗科 Fagaceae 别名 青冈

形态

常绿乔木，高达20m。树皮灰褐色，不裂；小枝无棱，灰褐色，无毛。单叶互生；叶片倒卵状椭圆形或椭圆形，6~13cm×2~5.5cm，先端短渐尖，基部近圆形或宽楔形，中部以上有锯齿，上面无毛，下面被灰白色鳞秕和平伏毛，侧脉10~14对。壳斗碗形，半包坚果，外具5~8个连续同心环；坚果卵形，无毛，果脐微隆起。花期4~5月，果期9~10月。野外极常见。

地理分布

产于全省山区、丘陵；广布于除云南外的长江流域及以南地区。

特性

生于海拔900m以下的山谷、山坡阔叶林中，系地带性植被常绿阔叶林最重要的建群种之一。喜温暖湿润气候及深厚肥沃的酸性土壤；喜光，也能耐半阴；较耐旱；萌蘖性较强，稍耐修剪，生长较慢。

园林用途

树冠宽广，枝叶浓密，新叶常呈紫红、紫褐、黄褐、嫩黄等色，非常艳丽，观赏期3~5月。适用于园林景观树及森林公园栽植，或试作行道树，也可矮化作彩篱。

繁殖方式

播种。

附注

材质坚韧；坚果淀粉可供酿酒；树皮及壳斗可提制栲胶。

相近种

褐叶青冈 *C. stewardiana*，与青冈栎不同在于叶片先端长渐尖或尾尖，侧脉8~10对，新叶多呈紫褐或银白色。垂直分布在青冈栎之上。本省产于丽水及安吉、临安、武义。

春色叶　　春色叶　　春色叶　　果枝

褐叶青冈

春色叶

春色叶　　　　　　　　　　果枝

007 细叶青冈

学名 *Cyclobalanopsis myrsinifolia* (Bl.) Oerst　科名 壳斗科 Fagaceae　别名 青栲

形态

常绿乔木，高达20m。树皮不裂。单叶互生；叶片卵状披针形或长椭圆状披针形，6~12cm×2~4cm，先端渐尖，基部楔形，基部以上有浅锯齿，无毛，下面微被白粉，呈灰绿色，侧脉10~14对，常不达叶缘；叶柄细，长1~2.5cm。壳斗碗形，外具6~9个连续同心环；坚果卵状椭圆形，径1~1.5cm，高1.4~2.5cm。花期4月，果10月。野外常见。

地理分布

产于全省山区；分布于华东、华中、华南、西南及陕西；东南亚及日本、朝鲜也有。

特性

生于海拔300~900m稍阴湿的山谷、山坡阔叶林中。喜温暖湿润气候及深厚肥沃的酸性土壤。喜光，也能耐半阴；萌蘖性较强，稍耐修剪，生长中速。

园林用途

树干通直，树冠端整，枝叶浓密，新叶呈紫褐、紫红、红黄、红褐等色，颇为艳丽，观赏期3~5月。适用于园林景观树及森林公园栽植，也可矮化作彩篱，或试植为行道树。

繁殖方式

播种。

附注

材质优良；坚果淀粉可供酿酒；树皮及壳斗可提制栲胶。

相近种

小叶青冈 *C. gracilis*，与细叶青冈主要区别为叶较小，4.5~9cm×1.5~3cm，叶缘近中部以上有细尖锯齿，叶基常不对称，背面有不均匀的白色蜡粉层和伏贴毛。产于全省山区。

春色叶

春色叶

春色叶

枝叶

小叶青冈

春色叶

叶背

008 卷斗青冈

| 学名 | *Cyclobalanopsis pachyloma* (Seem.) Schott. | 科名 | 壳斗科 Fagaceae | 别名 | 毛果青冈 |

形态

常绿乔木，高达17m。树干通直，树皮不裂；幼枝、幼叶、幼果及壳斗被黄褐色绒毛。单叶互生；叶片倒卵状长椭圆形或披针形，7~14cm×2~5cm，先端渐尖或尾尖，基部楔形，中部以上有疏锯齿，侧脉8~11对；叶柄长1.5~2cm。壳斗半球形或钟形，高2~3cm，外具7~8个连续同心环；坚果长椭圆形至倒卵形，径1.2~1.6cm。花期3~4月，果期9~10月。野外偶见。

地理分布

产于泰顺、苍南、平阳；分布于华东南部、华南及贵州。

特性

生于海拔500m以下湿润的山谷、山坡阔叶林中。喜温暖湿润气候及深厚肥沃的酸性土壤。喜光，也能耐半阴；萌蘖性较强，稍耐修剪，生长较慢。

园林用途

树干通直，树冠端整，枝叶浓密，新叶呈紫褐色，非常艳丽，观赏期3~4月。适用于园林景观树及森林公园栽植，或试作行道树，也可育苗修剪作彩篱。

繁殖方式

播种。

附注

材质坚韧；坚果淀粉可供酿酒；树皮及壳斗可提制栲胶。浙江省重点保护野生植物。

春色叶

春色叶

009 云山青冈

学名 *Cyclobalanopsis sessilifolia* (Bl.) Schott.　　科名 壳斗科 Fagaceae

形态

常绿乔木，高达25m。小枝无毛。单叶互生，常集生枝顶；叶片椭圆形至倒披针状长椭圆形，5~12cm×1.7~3cm，先端短尖，基部楔形，稍下延，全缘或先端有2~4对细齿，两面近同色，无毛，侧脉10~13对，不明显；叶柄长0.5~1cm，被毛。壳斗杯状，半包坚果，外具5~7个连续同心环；坚果椭圆形，高1.7~2.4cm，无毛。花期4~5月，果期10~11月。野外少见。

地理分布

产于全省山区、半山区；广布于除云南外的长江流域及以南地区；日本也有。

特性

生于海拔400~1000m的山坡、沟谷阔叶混交林中。喜温暖湿润气候及深厚肥沃的酸性土壤。喜光；较耐旱；萌蘖性较强，稍耐修剪，生长较慢。

园林用途

树体雄伟，树冠饱满，枝叶茂密，新叶常呈深紫、紫褐、黄褐等色，清新悦目，观赏期3~4月。适用于园林景观树及森林公园栽植，或试作行道树，可矮化栽培作彩篱或作色块。

繁殖方式

播种。

附注

材质坚韧；坚果淀粉可供酿酒；树皮及壳斗可提制栲胶。

春色叶　　果枝　　春色叶

010 槲栎

学名 *Quercus aliena* Bl.　　　　　　　科名 壳斗科 Fagaceae

形态

落叶乔木，高达25m。树皮深纵裂；小枝具沟槽，无毛。单叶互生；叶片倒卵状椭圆形或倒卵形，10~30cm×5~16cm，先端钝或急尖，基部楔形，边缘疏生波状钝齿，齿端圆钝，上面无毛，下面密被灰白色细绒毛，侧脉11~18对；叶柄长1.5~3cm。壳斗浅杯状，径1.2~2cm，包围坚果约1/2，内具1枚坚果；坚果椭圆状卵形或卵形，高2~2.5cm。花期4~5月，果期10月。野外较常见。

地理分布

产于湖州、杭州、绍兴及奉化、泰顺；分布于华东、华南、西南及河南、甘肃、辽宁；朝鲜、日本也有。

特性

生于海拔1000m以下的低山丘陵阔叶林中。喜温暖湿润的气候及深厚肥沃的酸性土壤；喜光；萌蘖性较强，耐修剪，生长中速。

园林用途

树体高大，树冠宽广，部分个体新叶呈紫红色，殊为艳丽，观赏期3~4月。适用于园林景观树及森林公园栽植，也可矮化作彩篱。

繁殖方式

播种。

春色叶

春色叶

枝叶

011 小果薜荔

学名 *Ficus pumila* Linn. var. *microcarpa* G. Y. Li et Z. H. Chen　　科名 桑科 Moraceae

形态

常绿藤本。全株有乳汁。小枝具环状托叶痕及气生根。单叶互生；叶片二型，营养枝之叶较小，心状卵形，生殖枝之叶较大，椭圆形，3~4.5cm×1.5~3cm，先端圆钝或急尖，基部圆，边缘明显反卷，背面网脉突起呈蜂窝状。隐花果单生于叶腋，椭圆形、宽椭圆形或近球形，长2~4cm，径1.7~2.6cm，熟时紫黑色，有细斑。花期5~6月，果期9~10月。野外偶见。

地理分布

特产于舟山市的普陀山岛和东福山岛。

特性

生于海拔260m以下的山坡林中或林缘，常攀援于岩石、树干上。喜温暖湿润的海洋性气候及排水良好的酸性土壤；稍喜光，较耐旱；萌蘖性较强，耐修剪。

园林用途

新叶常呈紫红、玫红、紫褐或黄绿色，五彩缤纷，观赏期4~5月。适作岩面、墙面、树干美化，也可作花架栽植，或修剪造型作盆栽观赏。

繁殖方式

播种、扦插、压条。

附注

隐花果多汁，味鲜甜，可鲜食或酿酒，制果脯、果汁等；全株可药用。浙江特有植物。

相近种

观赏效果及园林用途相近的尚有薜荔 ***F. pumila***，叶片较大，4~10cm×2~3.5cm，边缘通常不反卷，隐花果较大，径3~5cm，梨形，顶部截平，熟时干燥，有时开裂；全省分布。珍珠莲 ***F. sarmentosa* var. *henryi***，叶较大，8~10cm×3~4cm，先端渐尖或尾尖，隐花果较小，径1~1.5cm；全省分布。

春色叶

春色叶

果枝

薜荔

春色叶

珍珠莲

春色叶　　　　　　　　　　　　　　　　　　春色叶

012 笔管榕

学名 *Ficus superba* Miq. var. *japonica* Miq. 科名 桑科 Moraceae 别名 山榕、黄葛树

形态

落叶乔木。全株有乳汁。小枝具环状托叶痕。单叶互生；叶片薄革质，长椭圆形、椭圆状卵形，8~16cm×4~7cm，先端急尖，基部圆形或浅心形，全缘，两面无毛，侧脉7~10对；叶柄长2~6cm。隐花果多生于树干或大枝上，近球形，径5~12mm，熟时淡红或黄白色，有白斑。花期5~8月，果期10~11月。野外少见。

地理分布

产于温州、台州南部沿海及青田，产地常有栽培；分布于华南、西南及福建；东南亚及马来西亚、日本（琉球）也有。

特性

多生于低海拔的山区溪边、海岸山坡岩缝中。喜温暖湿润的海洋性气候，对土壤要求不严，稍耐盐；稍喜光，也能耐阴，较耐旱，耐瘠薄；萌蘖性强，耐修剪。

园林用途

树冠宽大，叶大荫浓，新叶常呈血红、紫红、紫褐、深紫、红褐等色，并具光泽，殊为美丽，换叶期5月，观赏期主要为4~5月，其他季节也常有新叶。适作园景树、庇荫树或行道树，或修剪矮化作彩篱，也可盆栽观赏。

繁殖方式

播种、扦插、压条。

附注

木材纹理细致美观，可供雕刻。

春色叶

春色叶

春色叶

春色叶

春色叶

春色叶

013 尾叶挪藤

学名 *Stauntonia obovatifoliola* Hayata ssp. *urophylla* (Hand.-Mazz.) H. N. Qin　　科名 木通科 Lardizabalaceae

形态

常绿藤本。掌状复叶互生；小叶5~7枚，长倒卵形、倒卵状长椭圆形或长椭圆形，5~8.4cm×1.3~3.5cm，先端具长而弯的尾尖，基部圆或钝，全缘，上面中脉干时凹陷，下面主细脉均隆起成网格。伞房花序长约6cm；花药顶端具长约1mm的角状附属物。浆果椭圆形至长椭圆形，有时弯曲，长4~6cm，径3~4cm，熟时黄或橙黄色。花期4月，果期10~11月。野外较常见。

地理分布

产于全省山区及半山区；分布于江西、福建、湖南、广东、广西。

特性

生于海拔600m以下的沟谷、山坡林缘或溪边灌丛中，常攀附于树冠或岩石上。喜温暖湿润气候及深厚肥沃、排水良好的酸性或中性土壤；耐阴；萌蘖性强；生长迅速。

园林用途

枝叶密集，叶形独特，白花黄果，春叶黄绿色或紫色，殊为艳丽，观赏期3~4月。适作公园廊架配置或森林公园栽植，也可用于城市及边坡垂直绿化。

繁殖方式

播种、扦插、压条。

附注

果肉味甜，可食；全株可入药，具舒筋活络、解毒利尿、调经止痛功效。

春色叶

果实

春色叶

春色叶

春色叶

014 乐东拟单性木兰

学名 *Parakmeria lotungensis*（Chun et Tsoong）Law　科名 木兰科 Magnoliaceae

形态

常绿大乔木，高达30m。树皮灰白色。单叶互生；叶片椭圆形或倒卵状椭圆形，6~11cm×2.5~3.5cm，先端钝尖，基部楔形，沿叶柄下延，上面深绿色，具光泽，边缘软骨质，略反卷，中脉两面隆起。花白色；花被片9~14枚。聚合果长圆形，或呈蓇葖状；每蓇葖具种子2或1枚；种子扁，假种皮红色。花期4~5月，果期9~10月。野外偶见。

地理分布

产于松阳、龙泉、庆元、泰顺；分布于福建、湖南、广东、海南。

特性

生于海拔500~800m的常绿阔叶林内。喜温凉湿润的气候及深厚肥沃、排水良好的酸性土壤。中性树种，但幼年较耐阴；可耐-10℃低温及40℃高温，不耐旱，喜湿但不耐涝，怕盐碱；具一定萌蘖性；生长中速。

园林用途

树干高大挺拔，树姿雄伟，枝叶浓密，花具清香；春季新叶紫色或淡黄色，艳丽，观赏期3~5月。可孤植或群植为景观树，也可成片营造风景林、背景林，还可试植为行道树。

繁殖方式

播种、扦插、嫁接。

附注

木材坚重，纹理细致，为优良用材。为我国特有植物，又是浙江省重点保护野生植物，天然分布稀少，需加强保护。

春色叶

春色叶

春色叶

015 瓜馥木

学名 *Fissistigma oldhamii*（Hemsl.）Merr.　　科名 番荔枝科 Annonaceae

形态

常绿藤本，长可达8m。幼枝密被锈色短柔毛。单叶互生；叶片革质，倒卵状椭圆形或长椭圆形，5~13cm×2.5~4.5cm，先端钝或微凹，基部宽楔形或圆形，全缘，下面被锈色短柔毛，侧脉多而整齐；叶柄长0.5~1cm，密生褐色短毛。花1~3朵生于枝顶；花萼3枚，小；花瓣6枚，质厚，外轮3枚张开，淡黄色，内轮3枚近直立，带紫红色。聚合浆果，小果卵球形，紫红色，径约2cm，密被黄棕色柔毛。花期4~8月，果期12月至翌年4月。野外偶见。

地理分布

产于丽水、温州；分布于华东南部、华南、西南及湖南；越南也有。

特性

生于海拔400m以下的山谷、溪边灌丛中或林缘，攀附于树冠或岩石上。喜温暖湿润的气候及深厚肥沃、排水良好的酸性土壤。耐阴，成年喜光；不耐寒；不耐干旱瘠薄；

萌蘖性强，耐修剪；生长较快。

园林用途

枝叶浓密，叶色亮绿，花果期长；新叶紫红、淡红或黄绿色，艳丽，观赏期12月至翌年3月，通过修剪可延长新叶观赏期。适作藤廊、边坡、岩面绿化配置。

繁殖方式

播种、扦插。

附注

茎皮纤维发达；花可提制芳香油或浸膏；种子油可作工业及化工用；根入药，可治跌打损伤和关节炎；果味甜可食。

春色叶

春色叶

春色叶

春色叶

016 浙江樟

学名 *Cinnamomum chekiangense* Nakai　　**科名** 樟科 Lauraceae　　**别名** 浙江桂

形态

常绿乔木，高达18m。树皮灰褐色，平滑至近圆块状剥落，有芳香及辛辣味；小枝绿色至暗绿色，被脱落性细短柔毛。单叶叶互生或近对生；叶片椭圆形、长椭圆状披针形至狭卵形，6~14cm×1.7~5cm，先端长渐尖至尾尖，基部楔形，上面深绿色，有光泽，无毛，下面微被白粉及脱落性细柔毛，离基三出脉不达叶先端，侧脉两面隆起。圆锥状聚伞花序生于去年生小枝叶腋；花小，黄绿色。果卵形至长卵形，长约1.5cm，径约7mm，熟时蓝黑色，微被白粉。花期4~5月，果期10~11月。野外较常见。

地理分布

产于全省山区、半山区。

特性

生于海拔600m以下山坡、沟谷杂木林中。喜温暖湿润气候及深厚肥沃、排水良好的酸性至中性土壤；幼年较耐阴，成年喜光；耐寒性明显强于浙江楠、天竺桂等樟科植物；深根性；具较强萌蘖性；生长较快。

园林用途

枝叶浓郁，树姿端庄，形态优美；春季新叶常呈紫红、鲜红、淡红、嫩黄等多种色彩，十分艳丽，观赏期4~5月。适用于孤植、群植为四旁树、景观树，也可成片营造风景林、背景林，还可试植为行道树。

繁殖方式

播种。

附注

木材细腻坚硬，耐水湿，具香气，为优良珍贵用材；树皮、枝、叶可提取芳香油供制香精；干燥树皮、枝皮名为香桂皮，可代替"桂皮"入药，具行气健胃、祛寒镇痛之效，也为烹饪佐料。野外分布零星，需加强保护。

相近种

细叶香桂 *C. subavenium*，与浙江樟区别在于小枝、幼叶两面、叶柄、芽、花序均密被黄色绢状短柔毛；三出脉直达叶先端。

春季全貌

春色叶

春色叶

细叶香桂

春色叶

春色叶

枝叶

017 豹皮樟

学名 *Litsea coreana* Lévl. var. *sinensis*（Allen）Yang et P. H. Huang　科名 樟科 Lauraceae

形态

常绿乔木，高达16m。树皮灰白色至灰褐色，呈不规则块片状剥落，露出灰白色的疤痕；小枝圆柱形，疏生皮孔。单叶互生；叶片长圆形至披针形，5~10cm×1.5~3.5cm，先端常急尖，基部楔形，上面深绿色，有光泽，下面灰白色，中脉下面隆起；叶柄上面被短柔毛。伞形花序腋生，具花3~4朵；总梗极短或无；花淡黄色。果近球形，径6~8mm，由绿色转鲜红至紫黑色。花期8~9月，果期翌年6~8月。野外常见。

地理分布

产于全省各地山区；分布于华东、华中。

特性

生于海拔1000m以下山坡、沟谷阔叶林中。喜凉爽湿润的气候及深厚肥沃、排水良好的酸性土壤；中性偏阴树种；较耐寒；耐干旱瘠薄；抗风性强；具一定萌蘖性；生长较慢。

园林用途

树冠开展，树干斑驳，叶色浓绿，果实鲜艳；春季新叶常呈紫红、紫褐色，十分艳丽，观赏期3~4月。适用于孤植、群植为园林景观树或森林公园栽植，也可密植为彩篱或修剪成球形观赏。

繁殖方式

播种。

附注

木材纹理美观，结构细致，易加工，可为工艺品、高级家具用材；果实与树皮入药可治水肿。

春色叶

春色叶

果枝

花枝

树干

018 黄丹木姜子

学名 *Litsea elongata*（Nees）Hook. f.　科名 樟科 Lauraceae　别名 长叶木姜子

形态

常绿乔木，高达15m。树皮灰黄色或紫褐色；小枝、叶柄、总花梗均密被褐色绒毛。单叶互生；叶片常长圆状披针形至长圆形，6~22cm×2~6cm，先端钝至短渐尖，基部楔形或近圆形，上面深绿色，无毛，下面沿脉被黄褐色长柔毛，余处被短柔毛，中、侧脉在上面凹下，下面连同网脉显著隆起。伞形花序生于当年生枝叶腋，单生，稀簇生，具粗短总梗；花黄白色，微具香气。果长圆形，径7~8mm，熟时紫黑色。花期8~11月，果期翌年6~7月。野外较常见。

地理分布

产于全省山区；分布于华东、华中、华南、西南；尼泊尔、印度也有。

特性

生于海拔300~1500m山坡、沟谷杂木林中。喜温暖湿润气候及深厚肥沃、排水良好的酸性土壤；耐阴；较耐寒；不耐干旱瘠薄，具一定萌蘖性；根系发达；生长较慢。

园林用途

树干挺拔，枝叶秀丽；春叶常呈现出紫红、鲜红、淡紫、嫩黄等多种色彩，十分艳丽，观赏期3~6月。适用于孤植、群植为园林景观树，或片植为背景林、景观林或在森林公园栽植，也可密植为彩篱。

繁殖方式

播种、扦插。

附注

木材供建筑、家具等用。

春色叶

春色叶

春色叶

春色叶

019 薄叶润楠

学名 *Machilus leptophylla* Hand.-Mazz.　　**科名** 樟科Lauraceae　　**别名** 华东楠

形态

常绿乔木，高达20m。树皮灰褐色，平滑。小枝粗壮，无毛。顶芽卵球形，芽鳞被早落的灰色小绢毛。单叶互生，常集生于枝顶；叶片薄革质，倒卵状长圆形，14~24cm×3.5~7cm，先端短渐尖，基部楔形，上面深绿色，无毛，下面灰白色，疏被绢毛，中脉在上面凹下，下面隆起，侧脉14~24对；叶柄长1~3cm。圆锥花序集生于新枝基部，长达15cm；花黄绿色，有香气。果球形，熟时紫黑色。花期4~5月，果期7~8月。野外常见。

地理分布

产于除嘉兴、舟山外的全省山区；分布于华东、华南及湖南、贵州。

特性

生于海拔1200m以下的阴坡沟谷、溪边混交林中。喜温暖湿润的气候和排水良好的酸性土壤；喜漫射光，小树耐阴，耐旱，耐瘠薄；萌蘖性较强，耐修剪，生长速度中等。

园林用途

树冠雄伟，树姿优美，叶色浓绿光亮，新叶常呈紫红、淡紫、珊瑚红、淡褐等色，具光泽，观赏期4~5月。适作园林园景树或森林公园栽植。

繁殖方式

播种、扦插。

附注

木材纹理直，结构粗，材质坚实，供建筑、家具等用；叶、果可提取芳香油，树皮可作熏香原料；根可入药，具消肿解毒功效。

春色叶

春色叶

春色叶

春色叶

刳花润楠

学名 *Machilus pauhoi* Kaneh. | **科名** 樟科Lauraceae | **别名** 刳花楠

形态

常绿乔木，高达25m。树皮青灰色或灰褐色，浅裂。小枝绿色，无毛或新枝基部有小柔毛。顶芽纺锤形，密被黄棕色柔毛。单叶互生，常集生于枝顶；叶片革质，椭圆形或狭椭圆形，7~15cm×2~4cm，先端渐尖或尾尖，基部楔形，上面深绿色，无毛，下面浅绿色，密被灰黄色平伏绢毛，中脉在上面凹下，下面隆起，侧脉12~17对，小脉纤细，结成网状；叶柄长1.2~2.5cm。聚伞状圆锥花序生于新枝下部，长达10cm。花黄绿色。果球形，熟时黑色，果梗红色。花期3月，果期6月。野外较常见。

地理分布

产于杭州、宁波、衢州、丽水、温州；分布于福建、江西、湖南、广东、广西。

特性

生于海拔700m以下山坡沟谷阔叶林中。喜温暖湿润的气候和疏松肥沃的酸性土壤；喜漫射光，幼树耐阴，耐旱，耐瘠薄；萌蘖性较强，耐修剪，生长速度较快。

园林用途

树形美观，树冠浓密，枝叶翠绿，新叶及嫩枝常呈紫红、粉红、红褐、黄绿等色，具光泽，观赏期4~6月，有时可达7月。适作园林园景树、行道树、片林、林带。

繁殖方式

播种、扦插。

附注

木材纹理美观，供建筑、家具等用材；刳成薄片"刳花"，浸水后有黏液，可作黏结剂及造纸原料；种子含油脂，可制造蜡烛和肥皂；茎可入药，具清热润燥功效。

相近种

浙江润楠 *M. chekiangensis*，叶片倒披针形或倒卵状披针形，先端尾状渐尖，尖头常呈镰状。产于杭州、舟山一线以南山区。

春色叶

春色叶

春季林相

浙江润楠

春色叶

春色叶

021 红楠

学名 *Machilus thunbergii* Sieb. et Zucc. **科名** 樟科Lauraceae **别名** 钓樟

形态

常绿乔木，高达20m。树皮黄褐色，浅纵裂至不规则鳞片状剥落；小枝绿色，无毛；冬芽红色；顶芽长卵形，被黄褐色绢状短柔毛。单叶互生，近集生枝顶；叶片革质，倒卵形至倒卵状披针形，4.5~10cm×2~4cm，先端突钝尖、短尾尖，基部楔形，叶缘微反卷，上面深绿色，光亮，下面微被白粉，两面无毛，侧脉7~9对；叶柄长1~3cm，常带红色。聚伞状圆锥花序生于新枝下部叶腋，长达12cm；果近球形，熟时黑色，果序总梗带紫红色，果梗肉质，鲜红色。花期4月，果期6~7月。野外极常见。

地理分布

产于全省丘陵山区；分布于华东、华南及湖南；日本、朝鲜也有。

特性

生于海拔1300m以下的沟谷、山坡林中，系地带性常绿阔叶林的重要建群种。喜温暖湿润气候，适宜肥沃湿润的中性、微酸性土壤，为润楠属最耐寒的树种之一，但幼苗畏寒；中性偏阴树种，幼年极耐阴，大树喜光；萌芽力、抗风性强，寿命长。

园林用途

树冠雄伟，叶色浓绿光亮，树姿优美；嫩叶常呈深红、粉红、紫红、嫩黄、黄绿等色，五彩缤纷，主要观赏期为3~5月，夏季果序梗红艳。适作园林园景树、行道树、片林、林带。

繁殖方式

播种、扦插。

附注

材用树种；叶、果可提取芳香油，树皮可作熏香原料；根、茎可入药，具舒经活血、消肿止痛功效。

春色叶

果枝

春色叶

春色叶

春色叶

云和新木姜子

学名 *Neolitsea aurata* (Hayata) Koidz. var. *paraciculata* (Nakai) Yang et P. H. Huang　　**科名** 樟科Lauraceae

形态

常绿小乔木，高达10m。树皮灰至深灰色，平滑不裂；小枝灰绿色，无毛。单叶互生，集生于枝顶；叶片革质，长椭圆形、椭圆形或长圆状倒卵形，6~13cm×3~4cm，先端渐尖至尾尖，基部宽楔形，上面深绿色有光泽，下面疏生黄色丝状毛，易脱落，具白粉，离基三出脉，中脉上部有几对稀疏不明显的羽状脉；叶柄长7~12mm，无毛。果熟时紫黑色，有光泽。花期2~3月，果期9~10月。野外偶见。

地理分布

产于丽水及临安、开化、泰顺；分布于江西、湖南、广东、广西。

特性

生于海拔900~1620m的山坡林中。喜温凉湿润气候和疏松肥沃的微酸性土壤；喜光，小树较耐阴，耐旱，耐瘠薄；萌蘖性较强，较耐修剪。

园林用途

枝叶繁茂，叶色光亮；嫩叶常呈紫红、黄绿等色，观赏期4~5月。适用于园林景观树或森林公园栽植。

繁殖方式

播种、扦插。

附注

根可入药，主治胃脘胀痛、水肿等症；材用树种；油料植物。

相近种

浙江新木姜子 *N. aurata* var. *chekiangensis*，幼枝、叶柄有毛，叶片披针形或倒披针形，较狭窄，宽不及2.5cm，下面被棕黄色绢毛，产于全省大部分山区；浙闽新木姜子 *N. aurata* var. *undulatula*，幼枝、叶柄无毛，叶片基部下延，边缘透明而具波状皱褶，产于丽水及泰顺。

春色叶

春色叶

浙江新木姜子

春色叶

春色叶

春色叶

浙闽新木姜子

春色叶

春色叶

023 舟山新木姜子

学名 *Neolitsea sericea* (Bl.) Koidz.　　科名 樟科Lauraceae　　别名 佛光树

形态

常绿乔木，高达10m。树皮灰褐色，平滑不裂。幼枝、嫩叶密被金黄色绢状柔毛。单叶互生，集生于枝条上部；叶片革质，椭圆形，6~14cm×3~5.5cm，边缘略反卷，离基三出脉；叶柄长2~3.5cm。伞形花序簇生于新枝苞腋或叶腋；花黄色。果密集，球形，径约1.3cm，熟时由绿变黄转鲜红色，有光泽。花期9~10月，果期翌年11月至第3年3月。野外偶见。

地理分布

产于宁波、舟山；分布于上海、台湾；朝鲜、日本也有。

特性

生于海拔300m以下的山坡阔叶林中或林缘。喜温暖湿润的海洋性气候，对土壤要求不严；喜光，小树稍耐阴，耐旱，耐盐碱；根系发达，抗风，萌蘖性较强，较耐修剪。

园林用途

春梢嫩叶金黄色，少数带紫色，在阳光下耀眼夺目，又因其在佛教圣地普陀山有分布，故称"佛光树"，严冬绿叶丛中红果簇簇，鲜艳夺目，色叶观赏期4~6月，也常于9月出现淡紫红色的秋梢。适用于园景树、行道树，或育苗密植作彩篱。

繁殖方式

播种、扦插。

附注

树干通直，木材结构细致，富有香气，是上等材用树种；国家Ⅱ级重点保护植物。

春色叶

春色叶

春色叶

春色叶

春色叶

果枝

小叶蚊母树

024

| 学名 | *Distylium buxifolium* (Hance) Merr. | 科名 | 金缕梅科 Hamamelidaceae | 别名 | 圆头蚊母树 |

形态

常绿灌木，高1~2m。幼枝、芽被褐色柔毛。单叶互生；叶片革质，倒卵状长圆形，3~5cm×1~1.5cm，长为宽的2.5倍以上，先端圆钝并具突尖，基部下延，全缘或先端各具1齿突，两面无毛，侧脉4~6对，不明显；叶柄短于1mm，无毛。穗状花序腋生；花单性或杂性，密集，深红色。蒴果卵球形，被星状毛。花期3~4月，果期7~11月。野外偶见。

地理分布

产于开化、衢江、云和、遂昌、龙泉、庆元、泰顺；分布于华东、华中、华南、西南。

特性

生于低海拔沟谷溪旁灌丛中。喜温暖湿润气候，对土壤要求不严，酸性、中性土壤均能适应；喜光、耐阴、耐水湿、耐盐碱、耐瘠薄、抗烟尘；萌芽能力强，耐修剪，生长速度快。

园林用途

叶小质厚，四季常绿，花密集，花药红艳；嫩枝及新叶常呈暗红色、玫紫色，观赏期4~6月，发枝能力极强，一年可多次抽梢，适时进行修剪，可供长期观赏。适作色叶地被、彩篱、花境、石景点缀、盆景等。

繁殖方式

播种、扦插。

花枝

春色叶

春色叶

春色叶

025 杨梅叶蚊母树

学名 *Distylium myricoides* Hemsl. 科名 金缕梅科Hamamelidaceae 别名 萍柴、野茶

形态

常绿小乔木或灌木。小枝纤细，绿色，皮孔显著；裸芽、幼枝有黄褐色鳞垢。单叶互生；叶片革质，长圆形或倒卵状披针形，5~9cm×2~3.5cm，先端锐尖，基部楔形，边缘上半部有数个粗齿，上面暗绿色，光亮，下面灰绿色，两面无毛，中、侧脉凹陷；叶柄长5~8mm。总状花序腋生，长1~3cm；萼筒极短，花后脱落，无花瓣。蒴果卵球形，成熟时2瓣裂，裂片再2浅裂。花期4月，果期7~8月。野外较常见。

地理分布

产于杭州、宁波、台州、衢州、丽水及德清；分布于华东、华南、西南及湖南。

特性

生于海拔1000m以下的沟谷、山坡林中。喜温暖湿润的山地气候，对土壤适应性较强；喜光，稍耐阴；耐干旱瘠薄，对烟尘及多种有毒气体抗性较强；萌蘖性较强，耐修剪，生长速度较慢。

园林用途

枝叶茂密，叶色浓绿，新叶常暗紫红色，与满枝红花相互映衬，格外醒目，观赏期4~6月，若适时进行修剪，可延长观赏期。适作花灌木、花境应用，或修剪矮化作彩篱，也可盆栽观赏。

繁殖方式

播种、扦插

附注

根、树皮可入药，具活血祛瘀功效。

春色叶

花枝

春色叶

春色叶

026 山樱花

学名 *Cerasus serrulata* (Lindl.) G. Don ex Loud. var. *spontanea* (Maxim.) Wils. 科名 蔷薇科Rosaceae 别名 野樱花

形态

落叶乔木，高达8m。树皮灰褐色，具环状横向裂纹；小枝无毛。单叶互生；叶片纸质，倒卵状长圆形或长椭圆形，5~9cm×2.5~5cm，先端渐尖，基部圆形，边缘具芒状齿及重锯齿，齿尖具小腺体，上面深绿色，下面淡绿色，两面无毛，侧脉6~8对；叶柄长1~1.5cm，无毛，顶端具1~3腺体；托叶线形，长5~8mm，边缘有腺齿，早落。伞房总状花序有花2~3朵，花先叶开放，白色或稍带粉红色。核果球形，径8~10mm，成熟时紫黑色。花期4~5月，果期6~7月。野外少见。

地理分布

产于安吉、临安、淳安、天台、磐安、衢江、缙云；分布于华东及黑龙江、河北、湖南、贵州；日本、朝鲜也有。

特性

生于海拔700m以上山坡、沟谷林中或林缘。喜温暖湿润气候，对土壤适应性较强，但不耐盐碱；喜光，亦耐半阴；耐寒，不耐旱；根系浅，萌蘖性较差，不耐修剪。

园林用途

枝叶繁茂，花色鲜艳亮丽，新叶常呈红色，观赏期3~4月。适作园景树、行道树、坡地美化、片林等。

繁殖方式

播种、扦插、嫁接。

附注

果可食；可作樱桃之砧木。

相近种

浙闽樱 *C. schneideriana*，叶两面被毛或仅下面被黄色硬毛，侧脉8~11对，叶柄长不及1cm，花后萼片反折。产于宁波、台州、丽水、衢州、温州及磐安。

幼果枝   春色叶

春色叶

浙闽樱

春色叶

春色叶

春色叶

027 湖北山楂

学名 *Crataegus hupehensis* Sarg.　　科名 蔷薇科Rosaceae

形态

　　落叶乔木或灌木，高达5m。枝开展，枝刺少。小枝紫褐色，圆柱形，无毛；冬芽紫褐色，无毛。单叶互生；叶片厚纸质，卵形至卵状长圆形，4~9cm×4~7cm，先端具2~4对浅裂片，基部宽楔形或近圆形，边缘有圆钝锯齿。伞房花序，具多花，直径3~4cm；花白色。果实近球形，黄色，径约2.5cm，具斑点，顶端常具反折的宿萼。花期5~6月，果期8~9月。野外较常见。

地理分布

　　产于湖州、杭州、宁波、舟山、台州及婺城；分布于华东、华中及陕西、山西、河南、四川。

特性

　　生于海拔1500m以下的山坡疏林下、林缘、山脊岗地、沟谷溪边乱石堆灌丛中。喜温凉湿润气候及排水良好的微酸性或酸性土壤；喜光，耐旱，耐瘠薄，抗风；萌蘖性较强，耐修剪，生长速度中等。

园林用途

　　果色鲜艳，满树黄果十分壮观；新叶紫色，清秀亮丽，观赏期4~5月。可作园林观赏树种，也可作盆景。

繁殖方式

　　播种、嫁接、扦插。

附注

　　果可药用，有破气散瘀、消极化痰功效；果味酸甜，可鲜食，也可酿酒或制果酱等。

花枝

春色叶

春色叶

春色叶

028 光萼林檎

学名 *Malus leiocalyca* S. Z. Huang   **科名** 蔷薇科Rosaceae

形态

落叶小乔木，高达10m。小枝幼时疏被柔毛，后脱落；冬芽卵形，红褐色，无毛。单叶互生；叶片坚纸质，卵形至卵状椭圆形，5~11cm×2.5~4.8cm，先端急尖或渐尖，基部宽楔形或圆形，边缘具圆钝锯齿，幼时两面密被柔毛，后渐脱落；叶柄长1~3cm，受光面红色。花1~3朵，白色或带粉红色。果球形，径1.5~4cm，顶端具长筒，宿存萼片常反折。花期4~5月，果期9~10月。浙南野外较常见。

地理分布

产于丽水、温州及武义；分布于华东、华南及湖南、云南。

特性

生于海拔300m以上的山坡、沟谷林中、林缘、路边。喜温暖湿润气候及排水良好的酸性土壤；喜光，耐旱，耐瘠薄；浅根性，萌蘖性较弱，稍耐修剪，生长速度中等。

园林用途

春季花叶并发，嫩叶紫红色，鲜艳夺目，入秋黄果满枝，春叶观赏期3~4月。适作园林园景树。

繁殖方式

播种。

附注

根可药用，主治吐泻、痢疾等；可作苹果之砧木。

相近种

台湾林檎 *M. doumeri*，叶边缘锯齿较为尖锐，花梗与萼筒均被绒毛，果实较大，宿存萼筒较短。产于丽水。野外少见。

春色叶

春色叶

春色叶

台湾林檎

春色叶与花

029 楼木石楠

学名 *Photinia bodinieri* Lévl.　科名 蔷薇科Rosaceae　别名 贵州石楠、楼木

形态

常绿乔木，高达15m。树干具长棘刺。幼枝、花序疏生平贴柔毛。单叶互生；叶片革质，长圆形、倒披针形，5~15cm×2~5cm，先端急尖或渐尖，基部楔形，边缘微卷，具带腺细锯齿，上面光亮，侧脉10~12对；叶柄长0.8~1.5cm，无毛。复伞房花序顶生，直径10~12cm，花多数，密集；花瓣白色。果实球形，暗紫红转紫黑色。花期5月，果期9~10月。浙南野外较常见。

地理分布

产于温州、丽水；分布于华东、华中、西南及陕西。

特性

生于海拔1000m以下的丘陵山地的山坡林中、村宅旁。喜温暖湿润气候，对土壤要求不严；喜光，能耐一定庇荫；耐干旱瘠薄，忌积水，抗风性、耐火性能强；深根性，萌蘖能力强，耐修剪。

园林用途

花序白色，果经冬不凋，四季常绿，叶色浓绿光亮；新叶紫红，观赏期3~6月。适作园景树、绿篱、地被、花镜。

繁殖方式

播种、扦插。

相近种

倒卵叶石楠 *Ph. lasiogyna*，与楼木石楠区别为：灌木；叶片倒卵形或倒披针形，先端圆钝或凸尖。产于浙南。

果枝
春色叶

倒卵叶石楠

030 粉花绣线菊

学名 *Spiraea japonica* Linn. f.　　科名 蔷薇科Rosaceae　　别名 日本绣线菊

形态

落叶灌木，高达1.5m。枝条细长，开展，小枝无毛或幼时被短柔毛，冬芽顶端急尖。单叶互生；叶片纸质，卵形、卵状椭圆形，2~8cm×1~3cm，先端急尖至短渐尖，基部楔形，边缘有缺刻状重锯齿或单锯齿，上面暗绿色，无毛或沿脉微被短柔毛，下面色浅或有白霜，沿脉有短柔毛；叶柄长1~3mm，被短绒毛。复伞房花序生于新枝顶，总花梗、花梗密被短柔毛，花粉红色。蓇葖果半开张，宿存萼片直立。花期6~7月，

果期8~9月。野外较常见。

地理分布

产于全省山区；分布于华东、华中、华南、西南、西北；朝鲜、日本也有。

特性

生于海拔750m以上的山坡林缘路旁、山顶灌草丛中。喜温凉湿润气候，对土壤要求不严，但喜疏松透气的微酸性土壤。喜光，耐半阴；耐寒、耐旱、耐贫瘠、抗病虫害。

园林用途

花序大，花色鲜艳；新叶常呈紫红色，有时黄色，观赏期4~5月，适时进行修剪，可延长观赏期。适作观花观叶地被、彩篱、花境或点缀石景，亦可作切花。

繁殖方式

播种、扦插、分株。

附注

叶、根、果实可入药，叶主治咽喉肿痛、疮毒，根主治咳嗽、目赤眼痛，果实主治痢疾。

春色叶

春色叶

春色叶

031

粉叶羊蹄甲

学名 *Bauhinia glauca* (Wall. ex Benth.) Benth.　　**科名** 豆科 Leguminosae　　**别名** 拟粉叶羊蹄甲

形态

落叶藤本。卷须略扁，旋卷。单叶互生；叶片纸质，近圆形，长5~9cm，2裂达中部或更深，裂片卵形，基部阔，心形至截平；基出脉9~11条；叶柄纤细，长2~4cm。伞房式总状花序顶生或与叶对生，具密集的花；总花梗长2.5~6cm；花瓣白色，倒卵形，各瓣近相等，具长柄，边缘皱波状，长10~12mm。荚果带状，薄，不开裂，长15~20cm，宽4~6cm，荚缝稍厚，果颈长6~10mm。花期5~6月，果期8~10月。野外少见。

地理分布

产于温州各地；分布于华东南部、华南、西南；印度、中南半岛及印度尼西亚也有。

特性

生于海拔500m以下沟边、山坡疏林下或灌丛中。喜温暖湿润的气候和阳光充足的环境，稍耐阴；不耐寒；稍耐旱；喜深厚肥沃的酸性土壤。生长速度较快。

园林用途

春季新叶呈嫩红、鲜红等色，观赏期4月，有时具艳丽的夏梢。园林中可配植于边坡、亭廊、棚架、墙垣等处。

繁殖方式

扦插、压条、播种。

春色叶

春色叶

春色叶

032 藤黄檀

学名 *Dalbergia hancei* Benth.　　科名 豆科Leguminosae　　别名 藤檀

形态

落叶藤本。小枝有时变钩状或旋扭。奇数羽状复叶互生；小叶9~13枚，狭椭圆形或倒卵状长圆形，10~25mm×5~12mm，先端钝或圆，有微缺，基部圆或阔楔形，下面被短绒毛。数个总状花序常再集成腋生短圆锥花序；花梗、花萼及小苞片均被褐色短茸毛；花冠绿白色，芳香，蝶形，各瓣均具长柄。荚果扁平，长圆形或带状，长3~7cm，基部收缩为一细果颈，通常有1粒种子。种子肾形，极扁平。花期3~5月，果期9~12月。产区野外较常见。

地理分布

产于丽水、温州、台州；分布于华东、华南、西南。

特性

生于山坡灌丛中或山谷溪旁。喜温暖湿润的气候；喜光，稍耐阴；耐瘠，耐旱；耐修剪。生长速度较快。

园林用途

春叶嫩黄鲜亮，清新悦目，十分可爱，观赏期3~4月。宜作藤廊、藤架配置；桩干扭曲苍劲，枝叶耐修剪，是作盆景的好材料。

繁殖方式

播种、扦插。

附注

茎皮含单宁；根、茎可入药。

春色叶

春色叶

果枝

枝刺

033 | 山皂荚

学名 *Gleditsia japonica* Miq.　　科名 豆科Leguminosae　　别名 皂角树

形态

落叶乔木，高可达25m。小枝微有棱，具分散的白色皮孔；刺略扁，粗壮，紫褐色至棕黑色，常分枝。一回或二回偶数羽状复叶；小叶3~10对，卵状长圆形或卵状披针形至长圆形，2~9cm×1~4cm，先端圆钝，有时微凹，基部阔楔形或圆形，微偏斜，全缘或具波状疏圆齿；小叶柄极短。花黄绿色，组成穗状花序；花序腋生或顶生，被短柔毛。荚果带状，扁平，长20~35cm，不规则旋扭或弯曲作镰刀状，先端具喙，果瓣革质，棕色或棕黑色，常具泡状隆起，有光泽；种子多数，椭圆形，深棕色，光滑。花期4~6月；果期6~11月。野外少见。

地理分布

产于杭州、宁波、台州及安吉、上虞、衢江、龙泉；分布于华东、华中、西南、华北及辽宁；日本、朝鲜也有。

特性

生于向阳山坡或山谷。喜光，耐寒，耐干旱，不耐水渍；抗污染能力强；对土壤要求不严，但较喜钙质土壤；耐修剪，生长速度中等。

园林用途

树冠宽广，叶密荫浓；春叶明亮，嫩枝紫红色，新叶初呈紫红、鲜红或玫红，后渐变淡，观赏期4~5月，修剪后可延长。可作庭荫树，但需去除树干下部的枝刺，以防伤人，最宜修剪矮化作彩叶刺篱。

繁殖方式

播种、扦插。

附注

荚果含皂素，可作洗涤剂；种子可入药；嫩叶可蔬食；木材坚硬，可作建筑等用材。

春色叶

春色叶

树干与枝刺

果枝

034 美丽胡枝子

学名 *Lespedeza formosa* (Vog.) Koehne　　科名 豆科Leguminosae

形态

落叶灌木，高可达2m。三出复叶互生；小叶卵形、倒卵形或近圆形，1.5~6cm×1~4cm，先端圆钝、微凹，具小尖头，下面贴生短柔毛；顶生小叶稍大。总状花序腋生，长于复叶，或为顶生圆锥花序；花冠蝶形，紫红色，长1~1.5cm。荚果斜卵形或长圆形，有毛。花期7~10月，果期10~11月。野外常见。

地理分布

产于全省山区、半山区；分布于华北、华东、华中、华南；朝鲜、日本、印度也有。

特性

生于向阳坡地、荒山、路边灌丛中或林缘。适应性强，耐干旱、耐瘠薄、耐热、耐刈割；生长快，常形成灌木群落。

园林用途

花色艳丽；春季到秋季常有新梢抽出，新叶呈红色或紫红色，观赏期4~8月。生性强健，是荒山绿化、水土保持和改良土壤的先锋树种，也可作花境、花篱。

繁殖方式

播种、扦插、分株。

附注

花及根皮入药，具祛痰止咳、凉血消肿功效；也可作蜜源植物。

春色叶

春色叶

春色叶

035 马鞍树

| 学名 | *Maackia hupehensis* Takeda | 科名 | 豆科Leguminosae |

形态

落叶乔木，高5~23m。树皮绿灰色或灰黑褐色，平滑。幼枝及芽被灰白色柔毛，老枝紫褐色。奇数羽状复叶互生；小叶9~13枚，卵形、卵状椭圆形或椭圆形，2~8cm×1.2~3cm，先端钝，基部宽楔形或圆形，下面密被平伏褐色短柔毛，后逐渐脱落，多少被毛。总状花序长3.5~8cm，集生枝顶；总花梗密被淡黄褐色柔毛；花密集；花梗、萼片密被锈褐色毛；花冠白色，蝶形。荚果阔椭圆形或长椭圆形，扁平，褐色，长4.5~8.5cm；种子椭圆状微肾形，黄褐色，有光泽。花期6~7月，果期8~9月。野外较常见。

地理分布

产于全省各山区；分布于华东、华中及陕西、四川。

特性

生于海拔1100m以下的山坡、山谷或溪边林中。喜温暖湿润的气候和酸性土壤；喜光，也能耐半阴；耐旱性不强；耐寒；萌蘖性较强，稍耐修剪。生长速度中等。

园林用途

树形优美；春叶银白色或绿白色，殊为耀眼醒目，观赏期4~5月。宜作景观树、行道树，也可矮化栽培为彩篱或作色块。

繁殖方式

播种、扦插。

春色叶

春色叶

春色叶

树干

036 红豆树

学名 *Ormosia hosiei* Hemsl. et Wils.　科名 豆科Leguminosae　别名 鄂西红豆

形态

常绿乔木，高可达20m以上。树皮灰绿色，平滑。小枝绿色；冬芽有褐黄色细毛。奇数羽状复叶；小叶3~9枚，卵形或卵状椭圆形，3~13cm×1.5~6.5cm，先端急尖或渐尖，基部圆形或阔楔形；小叶柄圆形。圆锥花序顶生或腋生，长15~20cm，下垂；花疏，有香气；花梗长1.5~2cm；花萼紫绿色，密被褐色短柔毛；花白色或淡紫色，蝶形。荚果近圆形，扁平，长3.3~4.8cm，先端有短喙，果瓣近革质，干后褐色，无毛，内壁无隔膜，有种子1~2粒；种子近圆形或椭圆形，种皮红色。花期4~5月，果期10~11月。野外偶见。

地理分布

产于丽水、温州；分布于华东、西南、西北及湖北。

特性

生于海拔800m以下的山谷林中、河旁或林缘。喜温暖湿润的气候；对土壤、水分要求较高，在土壤肥沃、水分条件好的地方生长快，干形好。幼年喜湿耐阴，成年树喜光；较耐寒；根系发达，寿命长。生长速度中等。

园林用途

树姿优雅，果实开裂后种子红艳；新叶呈紫红、紫褐或黄色，鲜亮美丽，观赏期3~4月。可作庭院观赏树或行道树。

繁殖方式

播种、扦插。

附注

木材坚实，心材深褐色，花纹独特，是珍贵用材，著名龙泉宝剑的剑柄和剑鞘即是用红豆树心材所制；种子可入药。国家Ⅱ级重点保护野生植物。

春色叶

春色叶

春色叶

树干

037 臭椿

学名 *Ailanthus altissima* (Mill.) Swingle　科名 苦木科Simaroubaceae　别名 樗

形态

落叶乔木，高可达20m。树皮灰白或灰黑色，具菱形皮孔。奇数羽状复叶互生；小叶13~27枚，近对生，卵状披针形，7~14cm×2~4.5cm，先端长渐尖，基部近圆形，偏斜，边缘两侧各具1~2个粗大锯齿，齿背有1枚大腺体，两面有短柔毛，背面灰绿色，揉碎后具臭味。圆锥花序顶生，10~30cm；花小，淡绿色。翅果长椭圆形，长3~5cm。种子位于翅的中间部，扁圆形。花期5~6月，果期8~10月。野外常见。

地理分布

产于全省各地；除黑龙江、吉林、宁夏、青海外，分布于全国各地；世界各地广泛栽培。

特性

生于向阳山坡、林缘或灌丛中。适应性强，除黏土外，各种土壤均能生长，在石灰岩地区生长良好；喜光，不耐阴，耐旱，耐寒，不耐积水，具较强的抗烟尘能力；生长迅速，根系深，萌芽力强，但寿命短。

园林用途

树干通直，冠形端整，秋季翅果红色，颇为美观；春季新叶紫红、深紫或橙红色，观赏期4~5月。是良好的园景树和行道树；适应性强，也是良好的水土保持和造林先锋树种。

繁殖方式

播种。

附注

木材可供建筑、家具等用；叶可饲椿蚕（天蚕）；树皮、根皮、果实均可入药，有清热利湿、收敛止痢等功效；种子可榨油；木纤维可制纸浆。

春色叶

春色叶

春色叶

果枝

038 山麻杆

学名 *Alchornea davidii* Franch. | 科名 大戟科Euphorbiaceae | 别名 红荷叶

形态

落叶小灌木，高1~2m。茎干直立，茎皮常呈紫红色。幼枝密被黄褐色绒毛，后脱落。单叶互生；叶片宽卵形或圆形，8~15cm×7~14cm，先端短尖，基部心形，边缘具尖锯齿，背面常带紫色，基脉三出，基部有2枚刺毛状腺体；叶柄密被短柔毛。花小，单性同株；雄花密生成短穗状花序；雌花疏生，排成总状花序，位于雄花序的下面，花柱3。蒴果扁球形，密生短柔毛。种子卵形。花期3~4月，果期6~8月。野外少见。

地理分布

产于杭州、宁波、丽水等地；分布于华东、华中、西南、华南及陕西。

特性

生于山谷溪边或山坡阔叶林中。阳性树种，喜光，稍耐阴，喜温暖湿润的气候环境，对土壤要求不严，以深厚肥沃的砂质壤土生长最佳。萌蘖性强，抗寒、抗旱能力较差。

园林用途

新叶红艳，优美悦目，观赏期3~4月。是著名的观叶树种，可作花境或彩篱。

繁殖方式

以分株为主，也可播种、扦插。

附注

茎皮纤维可供造纸或纺织用；叶片可作饲料。

春色叶

春色叶

春色叶

春色叶

花枝

039 虎皮楠

学名 *Daphniphyllum oldhamii* (Hemsl.) Rosenth.　　**科名** 虎皮楠科Daphniphyllaceae

形态

常绿乔木，高达10m。树皮灰褐色，平滑不裂。单叶互生，集生枝顶；叶片长圆形至倒卵状椭圆形或椭圆状披针形，8~16cm×2.5~5 cm，先端急尖或渐尖，基部楔形，全缘，叶背常被白粉。花序总状，雌雄异株。核果椭圆形或倒卵圆形，熟时由暗红色转黑色。花期3~5月，果期8~11月。野外较常见。

地理分布

产于临安至鄞州一线以南的山区、半山区；分布于华东、华中、华南及四川；日本、朝鲜也有。

特性

生于海拔1000m以下的山坡阔叶林中。中性树种，较耐阴；喜温暖湿润的气候和肥沃湿润的山地酸性土壤；深根性树种，具一定的萌芽更新能力，抗风力、抗火性能强；不耐旱。生长速度中等。

园林用途

树形美观，叶集生枝顶；春季新叶常呈紫红色，色浓而光亮，观赏期3~4月。适作山地风景区、森林公园绿化观赏或作庭荫树，也可试作彩篱或造型。

繁殖方式

播种、扦插。

附注

种子榨油可制皂；叶可入药。

春色叶

春色叶

春色叶

花枝

040 冬青

学名 *Ilex chinensis* Sims

科名 冬青科Aquifoliaceae

形态

常绿乔木，高可达15m。树皮灰色；全体无毛。单叶互生；叶片薄革质，长椭圆形至披针形，5~14cm×2~5.5cm，先端渐尖，基部宽楔形，边缘具钝锯齿；叶柄长5~15mm。雌雄异株；复聚伞花序单生叶腋，花小，淡紫色或紫红色。浆果状核果，通常椭圆形，熟时红色。花期5~6月，果期11~12月。野外常见。

地理分布

产于全省山区、半山区；分布于华东、华中、华南及云南；日本也有。

特性

生于海拔1000m以下的山坡、沟谷常绿阔叶林中或林缘。喜温暖气候，有一定耐寒力，适生于肥沃湿润、排水良好的酸性土壤；较耐阴湿，萌芽力强，耐修剪，对二氧化硫抗性强。

园林用途

四季常青，树形优美；春季新叶暗紫色，在绿色老叶衬托下，显得格外典雅迷人，观赏期4~5月。秋冬红果满枝，是庭园中的优良观赏树种。

繁殖方式

播种、扦插。

附注

叶、种子、树皮可供药用。

春色叶

春色叶

春色叶

041 绿叶冬青

学名 *Ilex viridis* Champ. ex Benth.　　科名 冬青科Aquifoliaceae　　别名 亮叶冬青

形态

常绿灌木或小乔木，高可达5m。小枝绿色，四棱形或具条纹，无毛。单叶互生；叶片革质，卵形、倒卵形或椭圆形，2.5~7.5cm×1.5~3cm，先端渐尖，基部楔形，边缘有钝锯齿，齿端褐色，上面有光泽，下面有褐色腺点。雌雄异株；雄花序簇生或为聚伞花序，花白色；雌花序单生叶腋，具花1朵。果球形，熟时黑紫色。花期4~5月，果期6~10月。野外少见。

地理分布

产于浙东、浙南地区；分布于华东、华南。

特性

生于低山或丘陵的疏林灌丛中。喜湿润半阴环境，适生于肥沃湿润、排水良好的土壤；耐修剪；生长较慢。

园林用途

枝叶密集，四季常青；春季新叶黄色，观赏期3月。可作绿篱、花灌木等。

繁殖方式

播种、扦插。

附注

根、叶可入药。

春色叶

红枝柴

042

| 学名 | *Meliosma oldhamii* Maxim. | 科名 | 清风藤科Sabiaceae | 别名 | 南京泡花树、红柴枝 |

形态

落叶小乔木，高6~10m。树皮浅灰色。奇数羽状复叶互生；叶片连柄长13~30cm，有小叶7~15枚，小叶纸质，对生或近对生，多为狭卵形，边缘上半部疏生细小锐锯齿，下面脉腋间通常有髯毛，侧脉7~8对。圆锥花序顶生或出自枝顶叶腋；花小，白色，芳香；萼片5枚，具缘毛；花瓣5枚，3大2小。核果球形，径4~5mm，紫红色。花期6~7月，果期9~10月。野外较常见。

地理分布

产于全省山区；分布于华东、华中、华南、西南及陕西南部；韩国、日本也有。

特性

多生长于海拔400~900m的湿润山地杂木林中，沿海地区可降至海拔100m。喜温暖湿润的气候和深厚肥沃的酸性或中性土壤；喜光，也较耐阴；稍耐寒，较耐旱。适应性强，生长速度中等。

园林用途

树冠端整，枝叶舒展；春季新叶常呈鲜红、紫红、紫褐或黄绿色，色叶观赏期4~7月。可片植于公园绿地、草坪林缘等处点缀春季林相。

繁殖方式

播种、扦插。

附注

种子油可制润滑油；木材淡黄色，软硬中等，较耐水湿，可供建筑与家具用。

春色叶

春色叶

春色叶

春色叶

毡毛泡花树

学名 *Meliosma rigida* Sieb. et Zucc. var. *pannosa* (Hand.-Mazz.) Law **科名** 清风藤科 Sabiaceae **别名** 毡毛野枇杷

形态

常绿小乔木，高6~10m。小枝、叶背、叶柄、花序各部均密被棕黄色弯曲而交织的长柔毛。单叶互生；叶片革质，长圆状倒宽披针形，先端渐尖或短渐尖，基部狭楔形，中部以上疏生锯齿或全缘，上面中脉凹陷，下面叶脉突起，侧脉8~13对或更多；叶柄长1.5~4cm。圆锥花序顶生；花小，白色，密集于短分枝上。核果球形，熟时呈灰黑色。花期5~6月，果期10~11月。野外少见。

地理分布

产于杭州、宁波、台州、丽水、温州及开化；分布于华东、华中、华南及贵州。

特性

生于海拔800m以下的山地常绿阔叶林中。喜温暖湿润的环境和深厚肥沃的酸性或中性土壤；喜光，较耐阴；稍耐寒，不耐旱；生长速度中等。

园林用途

树冠饱满，枝叶繁茂；春季嫩黄色新叶生于枝端，与常绿的老叶形成鲜明的反差，春季林相色调明快，色叶观赏期4~5月。可片植于山坡林缘、草坪边缘等处，或矮化栽培为彩篱。

繁殖方式

播种、扦插。

附注

木材淡红色，坚硬，可作工艺品；树皮及叶含鞣质，可提制栲胶；种子油可制肥皂。

春色叶

春色叶

044 多花勾儿茶

学名 *Berchemia floribunda* (Wall.) Brongn.　　科名 鼠李科 Rhamnaceae

形态

落叶藤本。幼枝光滑无毛。单叶互生；上部叶片较小，卵形至卵状披针形，先端急尖；下部叶片较大，11cm×6.5cm，椭圆形至长圆形，先端钝或圆，侧脉9~14对，两面稍突起。花常数朵簇生并再排成顶生且具长分枝的聚伞状圆锥花序，或下部兼有腋生聚伞总状花序，长达15cm。核果圆柱形，由红色转紫黑色。花期7~10月，果期翌年4~7月。野外常见。

地理分布

产于全省山区、丘陵地带；分布于华东、华中、华南、西南、华北、西北；印度、尼泊尔、缅甸也有。

特性

生于海拔70~1400m的山坡林缘、灌丛中或阴湿近水处。喜温暖湿润和阳光充足的环境和深厚肥沃的酸性或中性土壤。耐寒；生长速度中等。

园林用途

春季新叶暗红色、红棕色，甚为醒目，观赏期4~5月；翌年春夏季红果累累，挂满枝端，观果期长。可配置于墙垣、篱笆、建筑角隅等处，赏叶观果，颇为相宜。

繁殖方式

播种、扦插、压条。

附注

嫩叶可代茶；根入药，具散瘀消肿、止痛功效。

春色叶

春色叶

春色叶

045 短毛椴

| 学名 | *Tilia chingiana* Hu et Cheng | 科名 | 椴树科 Tiliaceae | 别名 | 庐山椴 |

形态

落叶乔木，高8~15m。树皮灰色，平滑。单叶互生；叶片阔卵形，5~10cm×4~9cm，先端渐尖，基部斜截形至心形，上面无毛，下面被点状短星状毛，边缘有尖锐锯齿。聚伞花序长5~8cm，有花4~10朵；苞片狭倒披针形，长7~9cm，两面均被毛，下部有长5~8mm的短柄，中部以下与总花梗合生；花淡黄绿色。花期6~7月，果期8~10月。野外偶见。

地理分布

产于安吉、临安；分布于江苏、安徽、江西。

特性

生于海拔600~1000m的山坡、沟谷林中。喜光，稍耐阴；耐寒；对土壤要求不严；深根性树种，抗风性、萌芽力强；生长较快。

园林用途

树冠端整，枝叶繁茂；春季新叶呈玫紫色，在鲜绿色的托叶衬托下，悦目迷人。观赏期为3~4月。可用于公园、庭院景观树或行道树，或矮化栽植为彩篱。

繁殖方式

扦插、播种。

附注

树皮纤维柔韧，可制人造棉和绳索，亦可造纸；也是优良的蜜源植物。

春色叶

046 秃糯米椴

学名 *Tilia henryana* Szysz. var. *subglabra* V. Engl.　　　**科名** 椴树科 Tiliaceae

形态

落叶乔木，高达15m以上。树皮光滑；嫩枝及顶芽均无毛。单叶互生；叶片卵形或宽卵形，6~10cm×6~11cm，先端短渐尖，基部斜心形或近截形，下面除脉腋有毛丛外，其余秃净无毛，边缘具粗锯齿，齿端具长芒。聚伞花序长10~15cm，有花20朵以上；苞片长圆形，近中部与总花梗结合，仅下面有稀疏星状柔毛。果实卵圆形，具5条纵棱。花期6~7月，果期8~10月。野外偶见。

地理分布

产于临安西天目山、吴兴霞幕山、磐安大盘山、临海括苍山、龙游六春湖；分布于江苏、安徽、江西。

特性

生于海拔400~1300m的山坡、山谷林中或溪边岩缝中。阳性速生树种，稍耐阴；耐寒；对土壤要求不严；深根性树种，抗风性、萌蘖力较强。

园林用途

树体高大，冠形丰满，枝叶繁茂；春季新叶初呈紫红或猩红色，渐变为带紫的黄绿色，十分漂亮，观赏期3~4月。可作园林景观树、行道树，或矮化作彩篱。

繁殖方式

扦插、播种。

附注

茎皮纤维可制人造棉、麻袋或绳索；木材可作屋梁、桥梁、枕木、坑木及家具等；花和嫩叶可作代茶；优良的蜜源植物。

春色叶

春色叶

春色叶

047 异色猕猴桃

学名 *Actinidia callosa* Lindl. var. *discolor* C. P. Liang　科名 猕猴桃科 Actinidiaceae

形态

落叶木质藤本。全株无毛。髓实心，淡褐色。单叶互生；叶片坚纸质，椭圆形至倒卵形，6~12cm×3.5~6cm，顶端急尖，基部阔楔形或钝形，边缘有钝锯齿；叶柄长2~3cm。聚伞花序具花1~3朵，花白色；浆果较小，卵球形或近球形，长1.5~2cm，有斑点。花期5月至6月上旬，果期10~11月。野外常见。

地理分布

产于全省山区、半山区；分布于长江以南各地。

特性

海拔300~600m的沟谷、山坡林缘或灌丛中。喜温暖湿润气候和肥沃、排水良好的土壤。喜光；稍耐寒。耐修剪；生长较快。

园林用途

藤蔓修长，枝叶茂密；春季新叶紫红色，观赏期3~5月。可供公园、庭院岩面覆盖，尤宜作藤廊配置。

繁殖方式

扦插、播种。

附注

适应性强，可作猕猴桃育种材料；果实可鲜食；果及根具抗癌作用。

相近种

长叶猕猴桃 *A. hemsleyana*，与异色猕猴桃的区别在于小枝、叶柄和叶片密被刚毛；叶片长圆状披针形，叶背具白粉；果实远较大，被毛。产于浙江南部。

春色叶

春色叶

春色叶

长叶猕猴桃

春色叶

048 中华猕猴桃

| 学名 | *Actinidia chinensis* Planch. | 科名 | 猕猴桃科 Actinidiaceae | 别名 | 羊桃、藤梨 |

形态

大型落叶藤本。幼枝被灰白色绒毛或褐色长硬毛,隔年枝完全秃净无毛,皮孔长圆形;髓白色至淡褐色,片层状。单叶互生;叶片纸质,倒阔卵形至倒卵形,6~17cm×7~15cm,边缘具直伸的睫状小齿,两面被毛。聚伞花序具花1~3朵,花较大,初放时白色,后变淡黄色,有香气,直径1.8~3.5cm;花瓣5枚,阔倒卵形。浆果黄褐色,形状多样,长4~6cm,密被毛,具淡褐色斑点。花期5月,果期8~10月。野外极常见。

地理分布

产于全省山区、半山区;分布于长江流域以南各地。

特性

生于海拔1400m以下的向阳山坡、沟边的林中或灌丛中。喜温暖湿润的气候和腐殖质丰富、排水良好的酸性土壤;喜光。生长快速。

园林用途

藤蔓修长,叶大荫浓,花有白、黄两色,具芳香;新叶呈紫红、鲜红、暗红或紫褐色,偶有金黄色,叶脉则呈绿色或白色,艳丽而醒目,观赏期通常为4~5月,被砍伐后出现的夏梢与秋梢也常呈现彩色,6~10月均可观赏,经常修剪可延长观赏期。可供公园、庭院美化,尤宜作藤廊配置。

繁殖方式

扦插、播种。

附注

果实富含维生素,酸甜适口,为著名水果,除鲜食外,也可用于制果酒、果脯、饮料等;根可入药,有清热解毒、化湿健脾、活血散瘀之效,民间用于治疗癌症;花可提取香精;优良的蜜源植物。

春色叶

春色叶

春色叶

春色叶

花叶变异

049 尖连蕊茶

学名 *Camellia cuspidata* (Kochs) Wright ex Gard. 科名 山茶科 Theaceae 别名 尖叶山茶

形态

常绿灌木，高达3m，嫩枝无毛。单叶互生；叶片革质，卵状披针形或椭圆形，5~8cm×1.5~2.5cm，先端渐尖，基部楔形，叶面发亮，边缘密生细锯齿。花1~2朵顶生兼腋生，径3~4cm，具芳香；花梗长约3mm；萼片5枚，无毛；花冠白色，花瓣5~7枚，无毛；花丝几乎完全离生；子房无毛。蒴果圆球形，径1~1.2cm，内含1粒种子。花期4~7月，果期9~10月。野外常见。

地理分布

产于除东部外的全省山区；分布于除江苏外的长江流域及其以南各省和陕西南部。

特性

生于海拔400~1000m的山坡、溪边、路旁林下或灌丛中。中性树种，耐阴性强，喜疏林、林缘等上方或侧方庇荫环境；喜酸性土壤，耐干旱瘠薄，抗火性强。

园林用途

形态清秀，枝叶密集，花量繁多；春季新叶呈现紫红、鲜红、红黄或金黄等色彩，并富有光泽，异常艳丽，观赏期4~6月。可用于造型、彩篱、花境，也可盆栽观赏。

繁殖方式

扦插、播种。

附注

种子含油量约20%，可作工业润滑油、印油及润发油之用。

春色叶

春色叶

春色叶

050 毛花连蕊茶

学名 *Camellia fraterna* Hance 　　科名 山茶科 Theaceae 　　别名 连蕊茶

形态

常绿灌木或小乔木，嫩枝密生柔毛。单叶互生；叶片革质，椭圆形，4~8cm×1.5~3.5cm，先端渐尖，基部阔楔形，侧脉5~6对，两面均不明显，叶柄长3~5mm，有柔毛。花常单生于枝顶，萼片卵形，有褐色长丝毛；花冠白色，长2~2.5cm，花瓣5~6枚；雄蕊无毛，花丝下部合生成管状；子房无毛。蒴果圆球形。花期2~3月，果期10~11月。野外极常见。

地理分布

产于全省各地山区、丘陵；分布于江西、江苏（南部）、安徽、福建。

特性

生于海拔1000m以下的山坡、谷地溪边灌丛或林中；中性树种，耐阴性强，喜疏林、林缘等上方或侧方庇荫环境；喜酸性土壤，耐干旱瘠薄，抗火性强；是产区常绿阔叶林中灌木层中的常见优势种。

园林用途

枝叶密集，花具芳香；春季新叶呈现鲜红、紫红、暗红、淡红、玫红、金黄等色彩，殊为艳丽，观赏期3~5月。园林上可用于造型、彩篱、花境。

繁殖方式

扦插、播种。

附注

省内民间以根、叶及花入药，有清凉解毒、活血化瘀的功效；也是优良的蜜源植物。

春色叶

春色叶

春色叶

春色叶

春色叶

051 毛枝连蕊茶

学名 *Camellia trichoclada* (Rehd.) Chien

科名 山茶科 Theaceae

形态

常绿灌木，高约1m，嫩枝被开展的长粗毛。单叶互生；叶片薄革质，排成2列，细小，椭圆形，1.2~2.5cm×0.6~1.3cm，先端略尖或钝，基部圆形或微心形，边缘具细钝锯齿，两面仅中脉有毛；叶柄长约1mm，有粗毛。花顶生或兼有腋生，无毛；花梗长2~4mm；花粉红色，花瓣长椭圆状倒卵形。蒴果圆形，径约1cm，熟时3裂，内具1粒种子。花期11~12月，果期翌年10月。野外少见。

地理分布

产于景宁、泰顺、苍南、平阳、文成；分布于福建。

特性

生于低海拔的山坡林下或灌丛中。中性树种，喜疏林、林缘等上方或侧方庇荫环境；喜酸性土壤；不耐寒。

园林用途

叶片小而密，两列状排列，花小而粉红色；春季新叶呈紫红、艳红、橙红、紫褐等色，十分艳丽，观赏期4~5月，若适时修剪可大幅度延长。极好的造型、彩篱、色叶地被、花坛、花境材料，也可盆栽观赏。

繁殖方式

扦插、播种。

春色叶

春色叶

春色叶

052 微毛柃

| 学名 *Eurya hebeclados* Ling | 科名 山茶科 Theaceae |

形态

常绿灌木或小乔木，高1.5~5m；嫩枝圆柱形，常带紫色，连同顶芽密被灰色微毛。单叶互生；叶片革质，长圆状椭圆形或椭圆形，4~9cm×1.5~3.5cm，顶端急缩呈短尖，基部楔形，边缘具浅细齿，齿端紫黑色。雌雄异株；花4~7朵簇生于叶腋。花瓣5枚，雄花白色，雌花白色或淡紫色。果实圆球形，成熟时蓝黑色。花期10月至翌年3月，果期7~10月。野外极常见。

地理分布

产于全省山区；分布于华东、华中、西南及华南北部地区。

特性

多生于海拔1700m以下的山坡林中、林缘、谷地溪边以及路旁灌丛中。中性树种，喜庇荫环境和酸性土壤；耐干旱瘠薄。

园林用途

株型紧凑，枝繁叶茂，花小而密集，芳香；春季新叶呈紫红、紫黑或橙黄等色彩，观赏价值较高，观赏期4~5月。宜用于彩篱、花境或造型。

繁殖方式

扦插、播种。

附注

本种在我国分布广，资源丰富，是优良的冬季蜜源植物。

春色叶

春色叶

053 | 枀木

学名 *Eurya japonica* Thunb.　　　　　　**科名** 山茶科 Theaceae

形态

常绿灌木，全株无毛；嫩枝具2棱；顶芽披针形，无毛。单叶互生；叶片革质，倒卵状椭圆形至长圆状椭圆形，3~7cm×1.5~3cm，顶端钝，基部楔形，边缘具疏的粗钝齿，上面有光泽；叶柄长2~3mm，无毛。雌雄异株；花1~3朵腋生，花梗长约2mm；花瓣5枚，紫色或白色。果实圆球形。花期3~4月，果期7~10月。沿海地区极常见。

地理分布

产于全省沿海岛屿和滨海山地；分布于江苏、福建、台湾；朝鲜、日本也有。

特性

多生于海拔400m以下的山坡或溪沟边灌丛中。中性树种，喜温暖湿润的海洋性气候和庇荫环境；对土壤要求不严，耐干旱瘠薄；抗海雾、台风能力较强；耐修剪。生长速度较慢。

园林用途

枝叶密集，株形优美；春季新叶呈现鲜红、紫红、紫黑等色彩，并富有光泽，殊为艳丽，观赏期4~5月。可用于造型、彩篱、花坛、色块、花境，也可盆栽观赏。

繁殖方式

扦插、播种。

附注

优良的蜜源植物；枝叶可供药用，有清热、消肿功效；灰汁可作染媒剂；果实可作染料；鲜枝叶在日本供祭祀用。浙江省重点保护野生植物。

春色叶

春色叶

春色叶

金叶细枝柃

| 学名 | *Eurya loquaiana* Dunn var. *aureopunctata* H. T. Chang | 科名 | 山茶科 Theaceae | 别名 | 金叶微毛柃 |

形态

常绿灌木或小乔木。树皮灰褐色或深褐色，平滑；嫩枝圆柱形，黄绿色，连同顶芽密被微毛。单叶互生；叶片薄革质，卵状椭圆形，2~4cm×1~2cm，先端尖，基部阔楔形，边缘有浅细锯齿。雌雄异株；花1~4朵簇生于叶腋；花瓣5枚，白色，雄蕊10枚，花柱较短，长1~1.5mm。果实圆球形，熟时黑色。花期10~11月，果期翌年6~8月。产区野外较常见。

地理分布

产于台州、金华、衢州、丽水、温州；分布于华东、华南、西南及湖南南部。

特性

多生于海拔800~1700m的山地疏林中或沟谷林缘。中性树种，喜湿润、庇荫环境，对土壤要求不严。

园林用途

枝叶密集，花小而密；春季新叶呈现深紫、玫紫、鲜黄等色彩，观赏价值较高，观赏期4~5月。宜作造型、彩篱、色块、花境。

繁殖方式

扦插、播种。

春色叶

春色叶

春色叶

055 隔药柃

| 学名 *Eurya muricata* Dunn | 科名 山茶科 Theaceae | 别名 格药柃 |

形态

常绿灌木或小乔木，高2~6m；嫩枝圆柱形，连同顶芽均无毛。单叶互生；叶片革质，长圆状椭圆形或椭圆形，5.5~11.5cm×2~4.3cm，顶端渐尖，基部楔形，边缘有细钝锯齿，上面有光泽，侧脉9~11对，在上面稍明显。雌雄异株；花1~5朵簇生叶腋；花瓣5枚，白色。果实圆球形，成熟时紫黑色。花期10~11月，果期翌年8~11月。野外常见。

地理分布

产于全省山区丘陵；分布于华东、华中、华南及西南地区。

特性

生于海拔1300m以下的山坡林中或林缘灌丛中。中性树种，喜庇荫环境，对土壤要求不严，耐干旱瘠薄。耐修剪；生长速度较慢。

园林用途

枝叶密集，株形优美；春季新叶呈紫红、深红、紫黑、淡紫等色，并富有光泽，殊为艳丽，观赏期3~5月。可用于造型、彩篱、色块、花境。

繁殖方式

扦插、播种。

附注

树皮含鞣质，可提取栲胶；也是优良的蜜源植物。

春色叶

春色叶

春色叶

春色叶

窄基红褐枰

056

学名 *Eurya rubiginosa* H. T. Chang var. *attenuata* H. T. Chang　科名 山茶科 Theaceae　别名 硬叶枰

形态

常绿灌木，高1~3m。嫩枝较粗壮，具明显2棱，无毛；顶芽发达。单叶互生；叶片厚革质，长椭圆状卵形或长椭圆状披针形，4~8.5cm×1.5~3.5cm，先端急尖或渐尖，基部楔形或近圆形，边缘有细锯齿，侧脉在两面稍隆起，下面网脉较清晰；叶柄长2~4cm。雌雄异株；花白色或淡紫色。浆果球形，熟时黑色。花期12月至翌年3月，果期5~7月。野外极常见。

地理分布

产于除嘉兴、舟山外的全省山区；分布于华东、华南及湖南、云南。

特性

生于海拔100~1000m山坡、沟谷的林缘、疏林下或灌丛中。喜温暖湿润气候及深厚肥沃的酸性或中性土壤。喜光，也稍耐阴；较耐寒，耐旱，不耐涝；适应性较强；萌蘖性强，耐修剪。生长速度较慢。

园林用途

枝叶密集，株形优美；春季新叶呈现深红、紫红、橙红、淡紫、鲜黄等色彩，并具光泽，艳丽醒目，观赏期3~5月。可用于造型、彩篱、色块、花境，也可盆栽观赏。

繁殖方式

扦插、播种。

附注

优良的蜜源植物。新叶色彩富于变化，开发时宜进行优株选择，若适时进行修剪，促使萌发新枝，则可延长观赏期。

春色叶

春色叶

春色叶

057 | 木荷

| 学名 *Schima superba* Gardner et Champ. | 科名 山茶科 Theaceae | 别名 荷树、横柴 |

形态

常绿大乔木，高达20m。单叶互生；叶片革质或薄革质，椭圆形，7~12cm×4~6.5cm，先端急尖，基部楔形，上面有光泽，边缘具钝齿；叶柄长1~2cm。花生于枝顶叶腋，常多朵排成总状花序，直径约3cm，白色，花瓣5枚，最外1枚风帽状。蒴果扁球形，直径1.5~2cm，熟时5瓣裂。花期6~7月，果期翌年10~11月。野外极常见。

地理分布

产于全省山区及半山区；分布于华东、华南、西南及湖南。

特性

生于海拔80~1600m的山谷、山坡常绿阔叶林中，是浙江常绿阔叶林的主要建群种。适生于酸性土壤；喜光，耐干旱瘠薄，忌水湿；深根性，萌芽力、耐火性极强，极好的生态防火树种。

园林用途

树体雄伟，枝叶密集，繁花如雪；春季新叶呈现艳红、紫红、紫褐、橙红、橙黄、鲜黄等色彩，并具光泽，极为艳丽，观赏期3~5月。宜作园林景观树种、防火林带树种及荒山造林先锋树种，也可矮化作彩篱。

繁殖方式

扦插、播种。

附注

材质坚硬，可供建筑及家具用材；树皮和叶可提栲胶；树皮、叶、根皮可入药。

春色叶

春色叶

春色叶

春色叶

春色叶

春色叶

花枝

058 北江荛花

学名 *Wikstroemia monnula* Hance 科名 瑞香科 Thymelaeaceae 别名 山棉皮

形态

落叶灌木，高0.5~3m。老枝紫褐色，韧皮纤维极发达。单叶对生或近对生；叶片纸质或坚纸质，卵状椭圆形至椭圆形，1~3.5cm×0.5~1.5cm，先端尖，基部宽楔形，全缘，侧脉纤细；叶柄短。总状花序顶生，具花3~8朵；花萼呈花冠状，合生呈细管状，紫红或淡紫色，长0.9~1.1cm，顶端4裂；无花冠；雄蕊8枚。核果卵形，肉质，白色。花期4~5月，果期6~9月。野外常见。

地理分布

产于全省山区、半山区；分布于华东、华中、华南及贵州。

特性

生于海拔800m以下的向阳山坡、岩缝、灌丛中或路旁。主根发达，对土壤要求不严，耐旱，耐瘠薄。

园林用途

枝叶扶疏，花紫色，果白色；春季新叶呈紫色，殊为秀丽，观赏期4~5月。可供庭园美化或作花境配置，也可盆栽观赏。

繁殖方式

扦插、播种。

附注

韧皮纤维可作人造棉及高级纸的原料；根供药用，有活血散瘀功效。

春色叶

春色叶

春色叶

059 赤楠

学名 *Syzygium buxifolium* Hook. et Arn　科名 桃金娘科 Myrtaceae　别名 山石榴

形态

常绿灌木或小乔木，高达5m。嫩枝有棱。单叶对生；叶片革质，有透明油点，阔椭圆形，1.5~3cm×1~2cm，先端钝，基部楔形，全缘，上面有光泽，侧脉多而密，不明显，具边脉；叶柄长2mm。聚伞花序顶生，具花数朵；花萼、花瓣各4枚；雄蕊多数。果实球形，直径5~7mm，熟时紫黑色。花期6~8月，果期10~11月。野外极常见。

地理分布

产于全省山区、半山区；分布于华东、华中、华南及贵州；越南和日本琉球群岛也有。

特性

生于低山疏林、沟边或灌丛，是常绿阔叶林或各种混交林下木层的常见优势种或次生灌丛的建群种之一；偏阳性树种，幼树稍耐阴；喜温暖湿润的气候和酸性土壤；耐干旱瘠薄；萌芽力、抗风性、抗火性较强。

园林用途

枝叶密集，冠形端整；春季新叶呈紫红或鲜红色，具光泽，艳丽而醒目，观赏期3~5月。可供造型、彩篱、色叶地被、花境，也可作盆景或盆栽观赏。

繁殖方式

扦插、播种。

附注

木材细致坚硬，可作工艺用材或工具柄；果可食用或酿酒。

相近种

轮叶赤楠 *S. buxifolium* var. *verticillatum*，叶片倒卵形，3叶轮生，侧脉密而明显，产于衢州；轮叶蒲桃 *S. grijsii*，叶片倒披针形，常3叶轮生，产于浙江西部和西南部。

春色叶

果枝

花枝

春色叶

轮叶赤楠

春色叶

轮叶蒲桃

花枝

春色叶

春色叶

060 | 马醉木

学名 *Pieris japonica* (Thunb.) D. Don ex G. Don　科名 杜鹃花科 Ericaceae　别名 桸木

形态

常绿灌木，高2~4m。树皮红褐色。单叶互生，集生枝顶；叶片倒披针形或披针形，5~10cm×1~3cm，先端渐尖，基部楔形，边缘上部有钝锯齿。总状花序簇生于枝顶或成圆锥花序，长6~15cm，花偏向一侧；花蕾先端常带淡紫红色；花冠白色，坛状，5浅裂。蒴果球形。花期3~4月，果期8~9月。野外常见。

地理分布

产于除宁波、舟山外的全省山区、半山区；分布于安徽、江西、福建、台湾；日本也有。

特性

生于海拔200~1900m的山地林下或灌丛中。喜温暖湿润的气候和疏松肥沃的酸性土壤；稍喜光，也能耐阴，较耐旱，耐瘠薄；萌蘖性强，耐修剪；生长较慢。

园林用途

枝叶浓密，四季常绿，花色洁白，清新可爱；新叶常呈紫红、红黄及黄绿等色，艳若花朵，观赏期4~6月，若适时进行修剪，可延长观赏期。适作花灌木、花境应用，或修剪矮化作彩篱，也可盆栽观赏或用作切花。

繁殖方式

播种、扦插。

附注

枝叶有毒，可作杀虫农药。

春色叶

春色叶

春色叶

061 刺毛杜鹃

学名 *Rhododendron championae* Hook.　科名 杜鹃花科 Ericaceae　别名 太平杜鹃

形态

常绿灌木或小乔木，高达5m。小枝和叶柄均密生刺毛和腺刚毛。单叶互生，集生枝顶；叶片长圆状披针形，8~16cm×2~4.5cm，先端渐尖或短渐尖，基部楔形至圆钝。伞形花序常具3朵花；花冠粉红至近白色，狭漏斗状，长5~7cm，5深裂，上方裂片内面有紫红色斑点，具香气。蒴果圆柱形。花期4~5月，果期7~9月。浙南野外较常见。

地理分布

产于丽水、温州；分布于华东、华南及湖南。

特性

生于海拔200~1100m的山坡林中。喜温暖湿润气候和疏松肥沃的酸性土壤；偏阳性树种，小树耐阴；耐旱，不耐寒；萌蘖性较强，耐修剪。

园林用途

树姿优美，花大密集，灿烂芬芳；新叶常呈现艳丽的紫红色，观赏期5~6月。适作花灌木，或修剪矮化作彩篱，也可作切花或盆栽观赏。

繁殖方式

播种、扦插、嫁接。

附注

根、茎可药用，主治感冒、流行性感冒、风湿性关节炎等症。

春色叶

春色叶

花枝

062 鹿角杜鹃

| 学名 | *Rhododendron latoucheae* Franch. | 科名 | 杜鹃花科 Ericaceae | 别名 | 岩杜鹃、鹿角杜鹃 |

形态

常绿灌木或小乔木，高1~6m。单叶互生，2~5枚集生枝顶；叶片革质，长圆形或椭圆形，5~10cm×2~4cm，先端渐尖，基部楔形，全缘。花蕾紫红色，花冠盛开时淡紫色至粉红色，狭漏斗状，长3.5~4.8cm，5深裂，上方裂片内面有黄色斑点。蒴果圆柱形。花期3~5月，果期7~9月。野外常见。

地理分布

产于杭州、金华、衢州、台州、丽水、温州；分布于华东、华中、华南、西南。

特性

生于海拔400~1500m的山坡灌丛或阔叶林中。喜温暖湿润气候和疏松肥沃的酸性土壤；喜光，亦耐半阴；耐旱，稍耐瘠薄；萌蘖性较强，耐修剪。

园林用途

枝繁叶茂，花大色艳；新叶常呈现紫红、玫红、深红、褐红等色，且富有光泽，极为艳丽，观赏期3~5月。适作花灌木或花境材料，是矮化作彩篱极好的树种，也可作切花或盆栽观赏。

繁殖方式

播种、扦插、嫁接。

附注

叶可药用，有祛痰镇咳功效。

春色叶

春色叶

春色叶

063 云锦杜鹃

学名 *Rhododendron fortunei* Lindl.　科名 杜鹃花科 Ericaceae　别名 天目杜鹃

形态

常绿小乔木或灌木，高2~7m。小枝粗壮，淡绿色。单叶互生，集生枝端；叶片厚革质，长圆形，7~18cm×2.5~6cm，先端急尖或圆钝，具小尖头，基部宽楔形至微心形，全缘，两面无毛。伞形式总状花序顶生，通常有6~10朵花；花冠漏斗状钟形，长约5cm，7裂，花蕾紫红色，开后粉红或白色而略带红晕；雄蕊14~16枚。蒴果长圆形。花期5~6月，果期10~11月。野外较常见。

地理分布

产于全省山区；分布于华东、华中、华南、西南。

特性

生于海拔400m以上的山地林中或灌丛中。喜温凉湿润气候和疏松肥沃的微酸性土壤；大树喜光，小树耐阴，耐旱，耐瘠薄；萌蘖性较差，不耐修剪。

园林用途

树姿优美，枝叶浓密，四季常绿，繁花满树，灿若云锦，且微有香气，在芽鳞与新叶之间的叶状物呈艳丽的紫红色，与深绿色老叶和嫩绿色新叶交相辉映，艳丽而醒目，观赏期4月下旬~5月上旬。适作园景树及花灌木，或作森林公园风景树，也可作切花或盆栽观赏。

繁殖方式

播种、扦插、嫁接。

附注

根、叶及花药用，可治皮肤抓破溃烂及跌打损伤。

花枝

春色叶

春色叶

马银花

064

学名 *Rhododendron ovatum* (Lindl.) Planch. ex Maxim.　科名 杜鹃花科 Ericaceae　别名 清明花、朱标花

形态

常绿灌木，高1~4m。单叶互生，集生枝顶；叶片革质，卵形、卵圆形或椭圆状卵形，3~6cm × 1.2~2.5cm，先端急尖或钝，有小尖头，基部圆形，全缘，仅上面中脉有毛。花数朵聚生于枝顶叶腋；花冠淡紫色，宽漏斗状，长约2.7cm，5深裂，上方裂片内面有紫色斑点；雄蕊5枚。蒴果宽卵形。花期4~5月，果期8~9月。野外极常见。

地理分布

产于全省山区、丘陵；分布于长江流域及其以南各地。

特性

生于海拔1800m以下的山坡林中、林缘和荒坡灌丛中。喜温暖湿润气候和疏松肥沃的酸性土壤；喜光，亦耐半阴；耐旱，耐瘠薄；萌蘖性强，极耐修剪。

园林用途

树姿优美，枝叶浓密，花繁色艳；新叶常呈现艳丽的紫红、褐红等色，观赏期3~5月。适作花灌木或花境材料，可修剪矮化作彩篱，也可作切花或盆栽观赏。

繁殖方式

播种、扦插、嫁接。

附注

根具毒，可药用，有清热利湿功效。

春色叶

春色叶

春色叶

花枝

春色叶

春色叶

065 乌饭树

学名 *Vaccinium bracteatum* Thunb.　科名 杜鹃花科 Ericaceae　别名 南烛、乌饭

形态

常绿灌木，高1~4m。腋芽先端圆钝，芽鳞紧包。单叶互生；叶片革质，椭圆形、长椭圆形或卵状椭圆形，3.5~6cm×1.5~3.5cm，先端急尖，基部宽楔形，边缘有细锯齿，叶背中脉具小刺突。总状花序腋生，具宿存苞片；花下垂，花冠坛状，白色。浆果扁球形，径5~6mm，熟时紫黑色，有短毛。花期6~7月，果期10~12月。野外极常见。

地理分布

产于全省山区、丘陵；分布于长江以南各地；东亚、东南亚也有。

特性

生于海拔1700m以下的山坡灌丛中或林下。喜温暖湿润气候和排水良好的酸性土壤；性强健，喜光，亦耐半阴；耐旱，耐瘠薄；萌蘖性强，极耐修剪。

园林用途

枝叶茂密，花色洁白；新叶常呈鲜红、紫红、褐红、玫红、红黄等色，富有光泽，艳丽夺目，主要观赏期3~5月，但夏、秋梢也常有红叶。适作花灌木或花境材料，是矮化作彩篱的极佳树种，适时修剪可延长观赏期；多用途树种，开发利用价值较高，若开展野外选优，可培育出新颖彩叶品种。

繁殖方式

播种、扦插。

附注

果味鲜甜，可鲜食或制果汁、饮料及酿酒；嫩叶可制作乌米饭或炒食；果及叶入药，果能健脾益肾，叶能明目乌发。

花枝

春色叶

春色叶

春色叶

春色叶

066 短尾越桔

学名 *Vaccinium carlesii* Dunn　　**科名** 杜鹃花科 Ericaceae　　**别名** 小叶乌饭树

形态

常绿灌木，高1~4m。小枝纤细，被上弯之短柔毛，老时脱落。单叶互生；叶片革质，卵形、卵状长圆形或卵状披针形，3~6cm×1~2cm，先端尾尖或渐尖，基部圆形或宽楔形，边缘有疏细齿，仅上面中脉有短柔毛；叶柄长1~3mm。总状花序，苞片早落；花下垂，白色，钟形，5裂近达中部。浆果球形，径约5mm，熟时紫红色，被白粉，无毛。花期6月，果期9~10月。野外较常见。

地理分布

产于杭州、台州、金华、丽水、温州及奉化；分布于长江流域及以南地区。

特性

生于海拔1500m以下的山坡、沟谷灌丛中或疏林下。喜温暖湿润气候和排水良好的酸性土壤；适应性强，喜光，亦耐半阴；耐旱，耐瘠薄；萌蘖性较强，耐修剪。

园林用途

叶小枝密，花色洁白；新叶常呈鲜红、紫红、淡红等色，有光泽，艳丽如花，主要观赏期4~6月。适作花灌木，也可矮化作彩篱，适时修剪可延长观赏期。

繁殖方式

播种、扦插。

附注

浆果可鲜食或制果汁及酿酒，具健脾益肾功效。

果枝

春色叶

春色叶

春色叶

067 江南越桔

学名 *Vaccinium mandarinorum* Diels　**科名** 杜鹃花科 Ericaceae　**别名** 米饭花

形态

常绿灌木或小乔木，高1~5m。腋芽先端尖锐，芽鳞开张。单叶互生；叶片革质，卵状椭圆形、卵状披针形，4~10cm×1.5~3cm，先端渐尖至长渐尖，基部近圆形，边缘有细锯齿，下面中脉具小刺突。总状花序；花下垂，白色，坛状。浆果球形，径4~5mm，熟时紫黑色，无毛。花期4~6月，果期10~11月。野外极常见。

地理分布

产于全省山区、丘陵；分布于长江流域及以南地区。

特性

生于海拔1400m以下的山坡灌丛中或疏林下。喜温暖湿润气候和排水良好的酸性土壤；适应性强，喜光，亦耐半阴；耐旱，耐瘠薄；萌蘖性强，耐修剪。

园林用途

枝叶茂密，花色洁白；新叶常呈鲜红、紫红、褐红、玫红、红黄等色，略有光泽，艳丽动人，主要观赏期3~5月，但夏、秋梢也常有红叶。适作花灌木或花境材料，是矮化作彩篱的优良材料，适时修剪可延长观赏期。

繁殖方式

播种、扦插。

附注

浆果可鲜食或制果汁、饮料及酿酒；果及叶入药，果能健脾益肾，叶能明目乌发。

相近种

刺毛越桔 *V. trichocladum*，与江南越桔主要区别在于小枝具密而长的细刺毛；叶缘有刺芒状细锯齿。野外少见。

春色叶

春色叶

春色叶

花枝

刺毛越桔

春色叶

春色叶

春色叶

068 九节龙

学名 *Ardisia pusilla* A. DC.　科名 紫金牛科Myrsinaceae　别名 五莲草、野痛草

形态

常绿蔓生小灌木，高10~20cm。茎下部匍匐生根，小枝幼时密被褐色卷曲毛。单叶对生或近对轮生；叶片坚纸质，椭圆形至倒卵形，2~5cm×1.5~3cm，先端急尖或钝，基部宽楔形，边缘具不明显的锯齿和细齿，两面被糙伏毛。聚伞花序腋生；花白色或带红色。核果球形，直径约5mm，红色，具腺点。花期6~7月，果期9~12月。野外较常见。

地理分布

产于杭州（建德）、宁波、舟山、台州、丽水、温州等地；分布于华东、华南、西南；朝鲜、日本、菲律宾、马来西亚也有。

特性

生于海拔700m以下的沟谷常绿阔叶林下、溪旁阴湿灌丛中。喜温暖湿润的气候和阴凉环境；耐旱，耐阴，要求疏松肥沃的中性至酸性土壤。生长较慢。

园林用途

春季新叶呈紫褐、黄褐或黄绿色，观赏期4~5月；秋后果色红艳，经久不凋。适作阴湿处地被、盆栽等。

繁殖方式

播种、扦插、分株、组培。

附注

全株入药，具祛风除湿、活血止痛功效。

果枝

春色叶

春色叶

069 老鼠矢

| 学名 *Symplocos stellaris* Brand | 科名 山矾科Symplocaceae | 别名 羊口舌 |

形态

常绿小乔木，高5~10m。树皮灰黑色；芽、幼枝被黄棕色长绒毛；髓心中空。单叶互生；叶片厚革质，狭长圆状椭圆形或披针状椭圆形，6~20cm×2~4cm，全缘，先端短渐尖，基部宽楔形或稍圆，上面深绿色，中、侧脉凹陷，下面苍白色；叶柄长1~2.5cm。密伞花序腋生；花白色。核果圆柱形，具宿萼。花期4月，果期6月。野外极常见。

地理分布

产于全省山区、半山区；分布于华东、华中、华南、西南。

特性

生于海拔900m以下的丘陵山地林中，系地带性常绿阔叶林的伴生种之一。喜温暖湿润气候，对土壤适应性较强；耐干旱瘠薄，抗火性能强。

园林用途

新叶及嫩枝密被淡紫至紫红色长绒毛，粉嫩迷人，观赏期3~4月。适作风景区、公园、庭院绿化观赏。

繁殖方式

播种、扦插。

附注

材用、油料树种。

相近种

黄牛奶树 *S. laurina*，与老鼠矢主要区别为叶缘具稀疏的细小钝锯齿，叶柄长0.8~1.8cm；穗状花序。春季新叶常呈紫红至紫黑色。产于宁波、台州、丽水、温州。

春色叶

春色叶

春色叶

春色叶

黄牛奶树

春色叶

春色叶

070 木犀

学名 *Osmanthus fragrans* (Thunb.) Lour.　　科名 木犀科Oleaceae　　别名 桂花

形态

常绿小乔木，高3~10m。枝叶无毛，小枝灰白色，具重叠芽，皮孔显著。单叶对生；叶片革质，椭圆形或长圆状披针形，7~14.5cm×2.6~4.6cm，先端急尖或渐尖，边缘通常上半部有锯齿或全缘，侧脉7~12对，叶背具细小腺点；叶柄长5~15mm。花白或淡黄，具芳香。核果椭圆形，熟时紫黑色。花期8~11月，果期翌年2~4月。野外少见。

地理分布

产于全省山区、半山区；分布于华东、华中、西南；浙江省及南方多数省份广泛栽培。

特性

零星生于低海拔山坡林中。中性偏阳树种，能耐半阴；喜温暖气候和通风良好的环境，不耐寒；对水肥要求较高，适生于偏酸性土壤，忌碱性土和积水；对SO_2抗性强，对Cl_2抗性较强，但不耐烟尘；抗火性能强。

园林用途

著名的芳香植物和园林观赏树种，为我国传统名花。部分植株新叶连同嫩枝同时呈现黄褐至紫红色，艳丽异常，观赏期4~5月。适作小片林、园景树、彩篱等。

繁殖方式

播种、扦插、嫁接、压条。

附注

花、果、根入药，功效多样。花还常作为膳食材料，制成羹和茶等，颇负盛名。

春色叶

果枝

花枝

春色叶

071 浙南菝葜

学名 *Smilax austrozhejiangensis* Q. Lin   科名 百合科Liliaceae

形态

落叶灌木，高0.5~1m。茎直立或披散，分枝光滑，无刺。单叶互生；叶片纸质，卵形、卵状披针形或长圆状披针形，3~7.5cm×1~3cm，上面绿色或稍带淡褐色，下面苍白色，具3条主脉；叶柄长2~5mm，无卷须，翅状鞘卵状披针形或长圆状披针形，与叶柄近等长，脱落点位于合生部顶端。花淡绿色，2~7朵排列成总状花序；总花梗纤细，长1~2cm。浆果球形，熟时橙红色。花期4~5月，果期7~11月。野外少见。

地理分布

产于台州、丽水、温州。

特性

生于海拔500~1600m的山坡林下或路边灌丛中。喜温凉湿润的气候和腐殖质丰富、排水良好的生境；耐阴，不耐旱。生长较慢。

园林用途

植株整体纤柔，春叶全体紫红，犹如翩跹蝶舞，观赏期4~5月。适作林下地被或室内盆栽观赏。

繁殖方式

播种、扦插。

附注

本种为浙江特有植物。

春色叶

春色叶

花枝

072 银杏

| 学名 *Ginkgo biloba* Linn. | 科名 银杏科 Ginkgoaceae | 别名 白果 |

形态

落叶大乔木。具长短枝。叶在长枝上螺旋状散生，在短枝上簇生；叶片扇形，叶脉二叉分枝。雌雄异株；雄球花葇荑花序状，雌球花具长梗，顶端具2枚直生胚珠。种子核果状，径约2cm，外种皮肉质，淡黄或橙黄色，外被白粉，有酸臭味；中种皮骨质，白色；内种皮膜质，褐色。花期4月，种子9~10月成熟。野外偶见。

地理分布

产于安吉、临安；国内外各地广泛栽培。

特性

生于海拔600~1100m的阔叶混交林中。

喜温凉湿润气候及深厚肥沃、排水良好的酸性至中性土壤，也能适应钙质土壤。喜光；耐寒，耐旱，不耐涝；萌蘖性强，耐修剪；深根性，生长较慢，寿命长。

园林用途

树体雄伟，形态优美，叶形奇特；秋叶鲜黄至橙黄，十分艳丽，观赏期10~12月。适用于作景观树、行道树、片林、林带，也是优良的盆景树种。

繁殖方式

播种、扦插、嫁接。

附注

种子可食用或药用，叶也可药用；材质优良，为珍贵用材树种；本种为浙江特有种，国家Ⅰ级重点保护野生植物，需注意保护野生资源。

秋色叶

秋色叶

秋色叶

秋色叶

秋色叶

073 金钱松

学名 *Pseudolarix amabilis* (Nels.) Rehd.　　**科名** 松科 Pinaceae　　**别名** 金松

形态

落叶乔木，高达58m。树皮赤褐色，鳞状开裂。叶片条形，柔软，在长枝上螺旋状排列，在短枝上簇生，呈辐射状。雌雄同株，雄球花在短枝上簇生。球果卵形或倒卵形，径4~5cm；种鳞木质，熟时散落。种子卵圆形，上部有膜质长翅。花期4~5月，球果10~11月成熟。野外较常见。

地理分布

产于湖州、杭州、绍兴、宁波、台州、丽水、温州；分布于华东、华中及四川；国内外各地广泛栽培。

特性

生于海拔1500m以下的山坡、谷地，常生于混交林中。喜温暖湿润气候及深厚肥沃、排水良好的酸性土壤。喜光；耐寒，忌涝，抗风，抗雪压；萌蘖性较强，耐修剪；深根性，生长较慢，寿命长。

园林用途

树体高大，树干挺拔，姿态优美；秋叶金黄或橙黄，十分艳丽，观赏期10~12月。适用于作景观树、行道树、片林、林带，也是优良的盆景树种。

繁殖方式

播种、扦插。

附注

树皮可药用；材质优良，为珍贵用材树种；本种为第三纪孑遗物种，我国特有单种属植物，世界五大庭园观赏树种之一，国家Ⅱ级重点保护野生植物，需注意保护野生资源。

秋色叶

秋色叶

秋色叶

074 台湾水青冈

| 学名 | *Fagus hayatae* Palib. ex Hayata | 科名 | 壳斗科 Fagaceae | 别名 | 巴山水青冈、浙江水青冈 |

形态

落叶乔木，高达25m。树皮光滑不裂。单叶互生；叶片菱状宽卵形或卵状椭圆形，3~7cm×2~3.5cm，先端短渐尖，基部宽楔形至近圆形，两侧稍不对称，边缘有细锯齿，中脉上部常稍曲折，侧脉5~10对，直达齿端，背面脉腋有簇毛；叶柄长0.8~1.3cm，有毛。壳斗4瓣裂，外有钻形苞片，内具2枚坚果；坚果卵状三棱形。花期4月，果期9月。野外偶见。

地理分布

产于临安、庆元、永嘉；分布于湖北、湖南、陕西、四川及台湾。

特性

生于海拔850~1100m的山地阔叶林中。喜温凉湿润气候及深厚肥沃的酸性土壤。喜光；不耐高温；萌蘖性一般，稍耐修剪，生长较慢。

园林用途

树体高大，树冠端整，秋叶呈金黄或橙黄色，殊为艳丽，观赏期10~11月。本种引至低海拔生长不良，色叶效果表现不佳，目前仅适于野外观赏。

繁殖方式

播种。

附注

材质优良；坚果可食。为国家Ⅱ级重点保护野生植物，应注意保护资源。

相近种

浙江观赏效果相近的尚有水青冈 *F. longipetiolata*、亮叶水青冈 *F. lucida* 和米心水青冈 *F. engleriana*。4种水青冈区别如下：

1. 叶全缘或波状，侧脉在近边缘处网结 ···米心水青冈
1. 叶缘有锯齿，侧脉直达齿端。
  2. 叶片长6~15cm，背面被细短绒毛；叶柄长1~2.5cm；壳斗长1.5~3cm；总梗长1.5~7.5cm ···
  ···水青冈
  2. 叶片长3~8.5cm，背面仅沿中、侧脉贴生长柔毛；叶柄长0.7~1.5cm；壳斗长1cm以下；总梗长0.5~2cm。
    3. 叶背脉腋有簇毛；壳斗4瓣裂，具坚果2枚；苞片钻形，长2~4mm ···············台湾水青冈
    3. 叶背脉腋无毛；壳斗3瓣裂，具坚果1枚；苞片鳞形，长2mm ·····················亮叶水青冈

秋色叶

秋色叶

秋色叶

秋色叶

亮叶水青冈

秋色叶

水青冈

秋色叶

米心水青冈

秋色叶

秋色叶

075 珊瑚朴

学名 *Celtis julianae* Schneid.　　　　科名 榆科 Ulmaceae

形态

落叶乔木，高达25m。当年生枝、叶背及叶柄均密被黄褐色绒毛。单叶互生；叶片厚纸质，宽卵形或卵状椭圆形，6~12cm×3~7cm，先端短渐尖或突尖，基部近圆形，歪斜，边缘中部以上有钝锯齿，三出脉，侧脉不达齿尖；叶柄长5~13mm。核果单生于叶腋，卵球形，长1~1.5cm，橙黄或橙红色，无毛；果梗长1.5~2.5cm。花期3~4月，果期10~11月。野外少见。

地理分布

产于杭州、宁波、台州、丽水、温州及安吉、东阳、衢江；分布于黄河流域以南。

特性

生于海拔1000m以下的山坡、沟谷阔叶林中。喜温凉湿润气候及深厚肥沃的酸性、中性及钙质土壤。喜光；萌蘖性一般，稍耐修剪，生长较快。

园林用途

树干通直，树冠宽大；秋叶金黄，间有红果，十分醒目，观赏期10~11月。适用于园林景观树、行道树及森林公园栽植。

繁殖方式

播种、扦插。

附注

核果微甜，可食用；材质优良；纤维植物。

秋色叶

果枝

秋色叶

076 榔榆

学名 *Ulmus parvifolia* Jacq.　　科名 榆科 Ulmaceae　　别名 榔皮树、田柳

形态

落叶乔木，高达20m。树干常不通直，树皮不规则斑状剥落，露出红褐色或绿褐色内皮；小枝红褐色，有毛。单叶互生；叶片窄椭圆形、卵形或倒卵形，1.5~5.5cm×1~3cm，先端短尖或略钝，基部偏斜，边缘具单锯齿或在幼树、萌芽枝上有重锯齿，羽状脉，侧脉10~15对；叶柄2~6mm。花簇生于当年生枝叶腋。翅果椭圆形或卵形。花期9月，果期10~11月。野外极常见。

地理分布

产于全省各地；分布于华东、华中、华南、西南、华北及陕西；朝鲜、日本也有。

特性

生于海拔600m以下的低山、丘陵或平原。适应性强，喜温暖湿润气候及排水良好的酸性、中性和钙质土壤，稍耐盐碱，喜光，耐旱，耐瘠薄，耐短期积水；萌蘖性强，极耐修剪，生长速度中等。

园林用途

树姿优美，树皮斑驳，枝叶茂密；秋叶常呈红或紫红色，艳丽醒目，观赏期10~11月。宜作园景树、行道树、庭荫树、防护林及四旁绿化树种，也是制作树桩盆景的优良材料。

繁殖方式

播种、扦插。

附注

材质坚硬；叶及根皮可药用，有清热解毒、消肿止痛、止血功效。

秋色叶

秋色叶

077 秤钩枫

学名 *Diploclisia affinis*（Oliv.）Diels　　科名 防己科 Menispermaceae　　别名 青枫藤

形态

　　落叶缠绕性木质藤本，长可达10m。枝紫褐色，小枝带黄绿色。单叶互生；叶片非盾状着生或多少盾状着生，菱状宽卵形或三角状宽卵形，宽大于长，4~7cm×4~9cm，无毛，下面灰白色，边缘波状，基出掌状脉5条，细脉明显；叶柄长4~8cm。聚伞花序腋生于着叶的小枝上，长3~4cm；花白色。核果背面有龙骨状突起，两侧压扁，有平行的小横纹。花期4~5月，果期7~9月。野外较常见。

地理分布

　　产于全省山区；分布于长江流域以南至广东、广西北部；亚洲热带地区也有。

特性

　　生于海拔500m以下的山坡林中。喜温暖湿润气候及深厚肥沃、排水良好的酸性至中性土壤。喜光；耐寒，稍耐旱；萌蘖性强，耐修剪；生长较快。

园林用途

　　枝叶茂密、清秀，叶形独特；秋叶金黄艳丽，观赏期10~11月。适作城市公园廊架及森林公园栽植，也可用于城市及道路边坡垂直绿化与岩石园美化。

繁殖方式

　　播种。

附注

　　藤、叶药用，可治毒蛇咬伤，并具祛风除湿功效。

秋色叶

秋色叶

果枝

078 夏蜡梅

学名 *Sinocalycanthus chinensis* Cheng et S. Y. Chang　　科名 蜡梅科 Calycanthaceae

形态

落叶灌木，高2~3m。小枝对生，二歧状，叶柄内芽。单叶对生；叶片宽卵状椭圆形或圆卵形，13~29cm×8~16cm，先端短尖，基部宽楔形或近圆形，全缘或具浅细齿；叶柄长1.1~1.8cm。花单生于新枝顶端，直径4~7cm；花被片二型，外花被片11~14枚，白色，具淡紫色边晕，内花被片8~12枚，远较小，黄色。果托坛状；瘦果长圆形，长1.2~1.5cm，径约0.7cm，深褐色，基部密被灰白色毛，向上渐稀。花期5月，果期9~10月。野外偶见。

地理分布

产于安吉、临安、天台；分布于安徽绩溪。

特性

生于海拔500~1200m的山坡、沟谷林下。喜凉爽湿润的气候及深厚肥沃、排水良好的酸性土壤。耐阴，在强光下生长不良；较耐寒；不耐干旱瘠薄；具一定萌蘖性；生长中速。

园林用途

花大美丽；秋叶黄色，较艳丽，秋叶观赏期10~11月。适于疏林下或东北向林缘配置。

繁殖方式

播种、扦插、分株。

附注

为我国特有的古老孑遗植物，浙江省重点保护野生植物，天然分布稀少，需加强保护。在东亚和北美植物区系研究方面有一定学术价值。

秋色叶

秋色叶

花枝

079 山鸡椒

学名 *Litsea cubeba* (Lour.) Pers.　　**科名** 樟科 Lauraceae　　**别名** 山苍子

形态

落叶灌木或小乔木，高2~5m。树皮初黄绿色，后渐变为灰褐色，光滑；小枝绿色，无毛；枝叶揉碎具浓郁芳香味。单叶互生；叶片披针形或长圆状披针形，4~11cm×1.5~3cm，先端渐尖，基部楔形，上面绿色，下面粉绿色，两面无毛；叶柄微带红色。伞形花序单生或簇生于枝上部叶腋，具花4~6朵，先叶开放；花黄白色。果近球形，径4~6.5mm，熟时紫黑色。花期2~3月，果期9~10月。野外极常见。

地理分布

产于全省山区、丘陵；分布于华东、华中、华南、西南；东南亚各国也有。

特性

生于海拔1200m以下向阳山坡、旷地、疏林内，各类采伐迹地、火烧迹地尤为常见。喜凉爽湿润的气候；喜阳，幼树稍耐阴；具较强的耐干旱瘠薄能力；较耐寒；萌蘖性强；根系发达；生长快。

园林用途

花于早春先叶开放，黄色密集，漫山遍野，殊为壮观；秋叶黄色绚丽，观赏期10~12月。适用于丛植、群植为园林景观树或森林公园栽植，也可作路隔、岩石旁点缀。

繁殖方式

播种。

附注

叶、花、果富含芳香油，为提取柠檬醛的重要原料，供香皂、食品、化妆品等用。种子可榨油供工业用。根及果入药，治哮喘、中暑、胃痛、跌打损伤等症，果实中药名"荜澄茄"。

相近种

毛山鸡椒 *L. cubeba* var. *formosana*，与原种的区别在于植株较高大，小枝、芽、叶下面及花序均被灰白色丝状短柔毛。产于浙江中部及以南山区。

秋色叶

毛山鸡椒

秋色叶

080 檫木

学名 *Sassafras tzumu* (Hemsl.) Hemsl.　　科名 樟科 Lauraceae　　别名 檫树

形态

落叶大乔木，高达35m。树皮深纵裂；小枝黄绿色，光滑无毛。单叶互生，集生于枝顶；叶片坚纸质，卵圆形或倒卵形，9~20cm×6~12cm，3裂或全缘，下面有白粉，羽状或离基三出脉；叶柄长2~7cm，常红色。总状花序顶生；花小，黄色，先叶开放。果熟时由红色转为黑色，果托、果梗鲜红色。花期2~3月，果期7~8月。野外常见。

地理分布

产于全省山区、半山区；分布于长江流域以南各省。

特性

散生于海拔1000m以下山坡、沟谷林中。喜温暖湿润气候，适宜于土层深厚、通气、排水良好的酸性土壤；喜光，幼树畏霜冻；深根性，萌芽力强，生长迅速。

园林用途

树干挺拔，枝叶婆娑，姿态优雅，早春花满枝头，金黄耀眼，晚秋红、黄叶鲜艳悦目，秋叶观赏期10~11月。适作行道树、庭荫树、园景树或风景林混交造林树种，也可制作切花。

繁殖方式

播种。

附注

优质材用和油料树种；根、树皮、叶可入药，具祛风活血功效。

秋色叶

开花全貌

枝叶

秋色叶

秋色叶

长柄双花木

081

学名　*Disanthus cercidifolius* Maxim. ssp. *longipes*
(H. T. Chang) K. Y. Pan

科名　金缕梅科Hamamelidaceae

形态

落叶灌木，高达5m。枝叶无毛，小枝曲折。单叶互生；叶片膜质，宽卵形至扁圆形，3~6cm×3~7cm，先端钝或近圆形，基部心形，掌状脉5~7条；叶柄长1.5~4cm。头状花序腋生；总花梗长5~7mm，花瓣狭长带状，红色。蒴果倒卵形，果序梗长1.5~3cm。花期10~12月，果期翌年10~11月。野外偶见。

地理分布

产于开化、龙泉；分布于江西、湖南、广东。

特性

生于海拔400~1000m沟谷溪边灌丛中、林缘。喜温暖湿润的气候和疏松肥沃的酸性或微酸性土壤；喜光，也耐阴，较耐旱，也能耐瘠薄；萌蘖性较强，稍耐修剪。

园林用途

株形雅致，枝条曲折，花形奇特，叶形美丽；秋叶艳红色，沿叶脉呈黄色，观赏期10~12月。适作花灌木，可修剪矮化作彩篱，也可作切花或盆栽观赏。

繁殖方式

播种、扦插、分株。

附注

我国特有古老子遗植物，国家Ⅱ级重点保护野生植物。

秋色叶

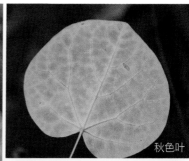

秋色叶

秋色叶

银缕梅

082

| 学名 | *Parrotia subaequalis* (H. T. Chang) R. M. Hao et H. T. Wei | 科名 | 金缕梅科 Hamamelidaceae | 别名 | 小叶金缕梅 |

形态

落叶小乔木，高达8m。树皮不规则薄片状剥落，树干斑驳；嫩枝、芽、叶被星状毛。单叶互生；叶片薄革质，宽倒卵形，4~6.5cm×2~4.5cm，先端钝，基部圆形、截形或微心形，最下1对侧脉基部裸露，边缘中部以上有钝齿，侧脉4~5对；叶柄长5~7mm，有星状毛。头状花序腋生或顶生，有花4~5朵，花先叶开放，无花瓣，花丝细长下垂。蒴果近圆形，长8~9mm，先端有短的宿存花柱。花期3~4月，果期9~10月。野外偶见。

地理分布

产于临安、安吉、奉化；分布于江苏、安徽。

特性

生于海拔400~1000m的山谷溪边、沟谷林中或山坡乱石堆中，也见于山顶灌丛中。喜温凉湿润的气候，对土壤适应性强；喜光，也稍耐阴；耐干旱瘠薄，萌蘖能力强，耐修剪，生长较缓慢。

园林用途

树态婆娑，枝叶繁茂，树干苍劲奇特，秋叶常呈紫红、砖红、橙黄、金黄等色，色彩斑斓，观赏期10~11月。适作园景树，矮化作彩篱观赏，亦可作盆景。

繁殖方式

播种、扦插。

附注

国家Ⅰ级重点保护野生植物，资源十分稀少，需注意保护野生资源。

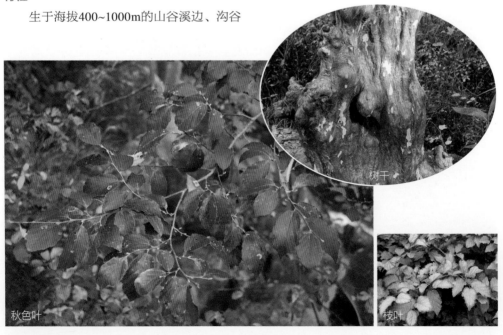

树干

秋色叶

枝叶

083 疏毛绣线菊

学名 *Spiraea hirsuta* (Hemsl.) Schneid.　　　科名 蔷薇科Rosaceae

形态

落叶灌木,高1.5m。小枝圆柱形,呈"之"字形曲折,嫩枝被短柔毛,老枝暗红色,无毛。单叶互生;叶片纸质,倒卵形或椭圆形,1.5~3.5cm×1~2cm,先端圆钝,基部楔形,边缘中部以上或先端有少数钝锯齿,两面具稀疏柔毛,叶脉显著。伞形花序具花20余朵,具短柔毛;花白色,径6~8mm。蓇葖果稍开张,具稀疏短柔毛。花期4~5月,果期7~8月。野外较常见。

地理分布

产于湖州、宁波、台州及普陀、磐安、云和;分布于华东、华中、西北、华北及四川。

特性

生于海拔1300m以下的向阳山坡、路旁灌丛中。喜温暖湿润的气候及深厚肥沃、排水良好的酸性土壤。喜光;耐旱,耐寒;萌蘖性极强,耐修剪。

园林用途

花朵洁白繁茂,犹如团团雪球缀满枝头;入秋叶片转紫红、橙红或黄色,观赏期11~12月。适作花境、花篱或切花,也可盆栽。

繁殖方式

播种、扦插、分株。

秋色叶

秋色叶

秋色叶

084 香槐

学名　*Cladrastis wilsonii* Takeda　　　　　科名　豆科Leguminosae

形态

　　落叶乔木，高可达16m。树皮灰色或灰褐色，平滑，具皮孔；叶柄下芽。奇数羽状复叶互生；小叶9~11枚，卵形或长圆状卵形，顶生小叶较大，先端急尖，基部宽楔形，下面苍白色，沿中脉被金黄色疏柔毛；小叶柄长约5mm。圆锥花序顶生或腋生，长10~28cm；花萼与花梗同被黄棕色绒毛；花冠白色，蝶形。荚果长圆形，扁平，具喙尖，有种子1~5粒。种子肾形，灰褐色。花期5~7月，果期8~9月。野外较常见。

地理分布

　　产于全省各地山区；分布于华东、华中、西南、西北及广西。

特性

　　生于海拔500m以上的山沟杂木林中或落叶阔叶林中。喜温暖湿润的气候和深厚肥沃、排水良好的酸性土壤；喜光，稍耐阴；不耐干旱及水涝；萌蘖性较差，不耐修剪。生长较快。

园林用途

　　树形优美，繁花似雪，气味芬芳；秋叶鲜黄，观赏期10~11月。适用于作景观树、片林、林带。

繁殖方式

　　播种、扦插。

附注

　　材质坚韧，可作家具用材。

秋色叶

秋色叶

果枝

085 朵椒

学名 *Zanthoxylum molle* Rehd. 　　科名 芸香科Rutaceae　　别名 朵花椒

形态

落叶乔木，高达10m。树干有鼓钉状大皮刺。奇数羽状复叶互生；小叶通常13~19枚，对生，阔卵形至椭圆形，8~15cm×4~9cm，先端急尖，基部圆或微心形，全缘或有细小圆齿，叶背密被灰色毡状绒毛，油点不明显或稀少。伞房状圆锥花序顶生，多花；总花梗常呈紫红色，有短柔毛和短刺；花瓣白色。蓇葖果紫红色，具细小明显的腺点。花期6~7月，果期10~11月。野外较常见。

地理分布

产于湖州、杭州、绍兴、台州、衢州、丽水等地；分布于华东、华中、西南。

特性

生于海拔1200m以下的林中。喜温暖湿润的气候及深厚肥沃、排水良好的土壤；喜光，耐干旱瘠薄。萌蘖性较差，不耐修剪；生长快。

园林用途

树冠如伞，枝叶浓密，红果累累；秋叶常为橙红或橙黄色，观赏期10~11月。适用于园林景观树及森林公园栽植。

繁殖方式

播种。

附注

叶、果可提芳香油；根、茎、叶、果均可入药。

秋色叶

果枝

树干及皮刺

秋色叶

086 湖北算盘子

学名 *Glochidion wilsonii* Hutch. 科名 大戟科Euphorbiaceae 别名 馒头果

形态

落叶乔木或灌木状，高3~14m。枝条具棱，灰褐色。单叶互生；叶片长圆形或长圆状披针形，3~10cm×1.5~4cm，先端短渐尖或急尖，基部楔形，全缘，背面粉绿色，中脉两面突起，两面无毛。雌雄同株；花绿色，数朵簇生于叶腋，雌花生于小枝上部，雄花生于小枝下部。蒴果扁球状，直径约1.5cm，边缘有6~8条纵沟，熟时鲜红色。种子近三棱形，红色，有光泽。花期5~7月，果期9~10月。野外较常见。

地理分布

产于湖州、杭州、宁波、绍兴、金华、台州等地；分布于华东、华中、西南及广西。

特性

生于海拔1200m以下的山坡、沟谷落叶阔叶林中。喜温暖湿润的气候及排水良好的土壤，在石灰岩上也能生长；喜光，也能耐半阴；耐寒，耐旱；耐修剪。生长速度中等。

园林用途

果形奇特，鲜红艳丽；秋叶紫红色，观赏期10~11月。适作庭园观果景观树，也适于森林公园点缀秋景。

繁殖方式

播种。

秋色叶

秋色叶

树干

果枝

087

卵叶石岩枫

| 学名 | *Mallotus repandus* (Willd.) Müll.-Arg. var. *scabrifolius* (A. Juss.) Müll.-Arg. | 科名 | 大戟科 Euphorbiaceae | 别名 | 杠香藤 |

形态

落叶藤本。幼枝、叶柄、花序和花梗均密生黄色星状绒毛。单叶互生；叶片长卵形或菱状卵形，3.5~10cm×2.5~7cm，先端渐尖，基部楔形或圆形，全缘或波状，下面散生黄色颗粒状腺体；基出脉3条。雌雄异株；雄花序为顶生圆锥花序，雌花序为顶生或腋生总状花序。蒴果扁球形，密生黄色腺点及锈色星状毛。种子卵形，黑色。花期4~5月，果期7~9月。野外极常见。

地理分布

产于全省各地；分布于华东、华南及湖南、云南。

特性

生于海拔600m以下的溪边灌丛、杂木林中或山坡乱石堆上。喜温暖湿润的气候和排水良好的土壤；喜光；耐旱。萌蘖性强，耐修剪。生长较快。

园林用途

果实锈黄，十分可爱；秋叶黄色，明快亮丽，观赏期11~12月。适于溪边或岩体种植，也可用于藤廊配置。

繁殖方式

播种、扦插。

附注

根、茎、叶可药用。

果序

秋色叶

秋色叶

秋色叶

088 毛黄栌

学名 *Cotinus coggygria* Scopo. var. *pubescens* Engl.　　**科名** 漆树科Anacardiaceae

形态

落叶灌木，高1~5m。小枝红褐色被白色短柔毛。单叶互生；叶片卵圆形至宽椭圆形，5~9cm×4~8cm，先端钝圆，基部圆形或宽楔形，全缘。圆锥花序顶生；花杂性，小，黄色；不孕花梗果期伸长，密生开展的紫红色羽状长毛。核果红色，肾形。花期4~5月，果期7~9月。野外较常见。

地理分布

产于杭州、宁波、绍兴、金华及天台、缙云等地；分布于华东、华中、西北、西南及山东；东南亚、欧洲南部也有。

特性

生于低海拔的山坡灌丛中或岩缝中，多生于丹霞地貌上。性极强健，喜光，也稍耐阴，耐旱，耐寒，耐瘠薄，但不耐水湿；萌蘖性较强，耐修剪；生长速度中等。

园林用途

枝叶清秀；叶片秋季变紫红、艳红或橙红色，艳丽夺目，是优良的秋色叶树种，观赏期10~12月。宜丛植或片植，可作庭园观赏树或岩坡、石景彩化树种。

繁殖方式

播种、扦插、分株。

附注

树皮、叶可提制栲胶；木材可提黄色染料；枝、叶可入药。

秋色叶

秋色叶

秋色叶

卫矛

089

| 学名 | *Euonymus alatus* (Thunb.) Sieb. | 科名 | 卫矛科Celastraceae | 别名 | 鬼箭羽、四棱树 |

形态

落叶灌木，高可达3m。小枝常具4列宽阔木栓翅。单叶对生；叶片卵状椭圆形或倒卵形，4.5~10cm×2~4cm，先端急尖，基部楔形，边缘具细锯齿；叶柄短或无。聚伞花序腋生，具3~5朵花；花黄绿色，4数。蒴果熟时紫褐色，常4深裂，裂瓣椭圆状。种子具红色假种皮。花期4~6月，果期10~12月。野外常见。

地理分布

产于全省山区、丘陵；分布近于全国各地；日本、朝鲜、俄罗斯也有。

特性

生于海拔1200m以下的山坡阔叶混交林中、林缘或灌丛中。喜光，也稍耐阴；适应性极强，能耐干旱、瘠薄和寒冷，在中性、酸性及石灰性土壤上均能生长；萌蘖力强，极耐修剪；对二氧化硫有较强抗性；生长较慢。

园林用途

枝翅奇特，果实艳丽；秋叶紫红，耀眼夺目，甚为美观，是极好的园林观赏树种，观赏期9~11月。宜用于造型、花境、彩篱等。

繁殖方式

播种、扦插。

附注

枝条上的木栓翅可入药，具活血、通络、止痛等功效；木材可用于雕刻。

秋色叶

秋色叶

果枝及木栓翅

090 肉花卫矛

学名 *Euonymus carnosus* Hemsl.　　科名 卫矛科 Celastraceae

形态

半常绿小乔木或灌木状，高3~10m。树皮灰黑色，老树具纵裂纹；小枝圆柱形，绿色。单叶对生；叶片通常长圆状椭圆形或长圆状倒卵形，4~17cm×2.5~9cm，先端急尖，基部宽楔形，边缘具细锯齿，侧脉12~15对；叶柄长0.8~2cm。伞形花序有花5~15朵；花淡黄色，径约1cm；花瓣4。蒴果近球形，具4翅棱，淡红色；种子具红色假种皮。花期5~6月，果期8~10月。野外常见。

地理分布

产于全省山区；分布于华东及湖北、台湾。

特性

生于海拔1300m以下沟谷溪边、山坡林中或林缘岩石旁。喜温暖湿润的气候；对光照要求不严，幼树较耐阴；喜深厚肥沃、排水良好的酸性至微碱性土壤，不耐过度干旱及水湿；较耐寒；萌蘖性强，耐修剪；根系发达，抗风；生长较快，寿命长。

园林用途

枝叶茂密，叶色光亮，果实及假种皮红色夺目，经冬不落；秋叶经霜后常呈现出鲜红、紫红、紫黑、淡紫、淡红等色彩，十分醒目，观赏期9~12月。适用于孤植、丛植、群植为园林景观树或在森林公园栽植，也可作绿篱及球形等栽植。

繁殖方式

播种、扦插。

附注

民间用本种树皮代替杜仲入药，治疗腰膝疼痛。

秋色叶

秋色叶

秋色叶

091

海岸卫矛

学名 *Euonymus tanakae* Maxim.　　　　　**科名** 卫矛科 Celastraceae

形态

常绿乔木或灌木状，高2~12m。小枝圆柱形，绿色，无毛。单叶，3叶轮生，稀对生；叶片狭长椭圆形或倒卵状椭圆形，3~12cm×2~4cm，先端急尖至短渐尖，基部窄楔形至楔形，边缘具细钝锯齿，中脉两面隆起，侧脉与网脉细弱而清晰；叶柄长1~2cm。聚伞花序腋生，通常具花5~7朵；花白或绿白色，径约1 cm；花瓣4枚。蒴果近球形，径约1 cm，熟时4裂。种子具橙红色假种皮。花期6~7月，果期9~11月。沿海地区野外较常见。

地理分布

产于宁波、舟山、台州、温州的海岛或滨海地带；分布于台湾；日本也有。

特性

生于岩质海岸林中或灌丛中。喜温暖湿润的海洋性气候；喜光，也能耐阴；稍耐盐；耐瘠薄；萌蘖性强，耐修剪；根系发达，抗风性强；生长较快。

园林用途

枝叶茂密、秀丽，叶片色泽光亮，果实及假种皮红色夺目；秋冬季叶色常呈现出紫红、鲜红、紫褐等色彩，艳丽迷人，观赏期11月至翌年2月。适于孤植、丛植、群植为园林景观树，尤其适宜于滨海地区绿化，也可作彩篱、球形等栽植。

繁殖方式

播种、扦插。

附注

间断分布于我国浙江与台湾及日本，对研究三地植物区系有学术意义。

古树

秋色叶

秋色叶

果枝　　　　　　　　　　　　　　秋色叶

092 永瓣藤

学名 *Monimopetalum chinense* Rehd.　　　　科名 卫矛科 Celastraceae

形态

落叶缠绕藤本。茎纤细，长可达6m，小枝常着地生根，枝叶无毛。单叶互生；叶片纸质或厚纸质，狭椭圆状披针形、长卵状披针形或长椭圆形，5~9cm×1.5~5cm，先端渐尖、长渐尖或急尖，基部圆形或宽楔形，边缘有细锯齿，齿端常呈纤毛状，侧脉4~5对；叶柄长8~12mm。聚伞花序腋生，2~3次分枝；花小，绿白色，4数。蒴果4深裂，通常仅1~2（3）枚发育，4枚宿存花瓣果期明显增大，呈翅状，常带粉红或紫红色。种子基部具细小环状假种皮。花期6~7月，果期9~11月。野外偶见。

地理分布

产于金华婺城区南部山区；分布于安徽、江西及湖北东南部（通山县）。

特性

生于海拔150~500m的山沟边灌丛或疏林中。喜温暖湿润的气候和深厚肥沃的酸性土壤；稍喜光，也能耐阴；萌蘖性强，枝条能着地生根，较耐修剪；根系发达；生长较快。

园林用途

枝条纤细修长，果实上4枚宿存并增大的花瓣状若小花，奇特而可爱；秋、冬季叶色常呈现紫红、艳红、紫褐、暗紫、黄绿等色彩，殊为艳丽，观赏期10~11月。适于园林中作藤架、藤廊、栅栏配置。

繁殖方式

扦插、压条、播种。

附注

我国特有的单种属植物，对卫矛科的系统演化及地理分布研究有学术意义。为最近发现的浙江分布新记录属、种。国家Ⅱ级重点保护野生植物。

果实

秋色叶

秋色叶

093 雁荡三角槭

学名 *Acer buergerianum* Miq. var. *yentangense* Fang et Fang f. **科名** 槭树科Aceraceae

形态

落叶灌木或小乔木，高3~5m。小枝无毛。单叶对生；叶片纸质，圆卵形、菱状扁卵形，3cm×3~5cm，基部圆楔形、近平截或浅心形，3裂，中裂片较大，三角状卵形，先端钝尖，下面有白粉；叶柄长2~3cm，无毛。伞房花序顶生，花稀疏。翅果常单生，长1.5~2cm，两翅张开呈钝角或近直角。花期4月，果期9月。野外少见。

地理分布

产于台州及象山、普陀、永嘉、乐清。

特性

生于海拔80~1000m的沟谷溪边乱石堆、陡坡悬崖石缝中及向阳山坡疏林路旁。喜光；喜温暖湿润气候；对土壤要求不严；极耐干旱，耐盐雾，不耐水湿；萌芽力强。

园林用途

枝叶茂密，叶形奇特；秋叶呈黄、橙黄、橙红、红、紫红及紫色，色彩极为丰富，观赏期11月至翌年1月。适用于石质性坡地、公路边坡、岩质海岸、轻盐土绿化美化、园林、庭院修剪造型观赏，或密植作彩篱、花境，也是盆景制作、盆栽的好材料。

繁殖方式

播种、扦插。

附注

浙江特有树种。

秋色叶

秋色叶

秋色叶

秋色叶

秋色叶

094 紫果槭

| 学名 *Acer cordatum* Pax | 科名 槭树科Aceraceae | 别名 紫槭 |

形态

常绿乔木，高达10m。枝叶无毛。单叶对生；叶片薄革质，卵状长圆形，5~9cm×2.5~4.5cm，先端渐尖，基部近心形，近先端具稀疏的细锯齿，上面深褐绿色，光亮，叶脉在两面均显著隆起，最基部的1对侧脉伸达叶片长度的1/3~1/2；叶柄紫色，长约1cm。伞房花序顶生，有花6~18朵；花萼紫色，花瓣淡黄白色。翅果长1.8~2cm，嫩时紫红色，小坚果突起，两翅张开呈钝角或近水平。花期4月，果期10~11月。野外较常见。

地理分布

产于衢州、丽水、温州及淳安、建德、婺城、武义；分布于华东、华中、华南、西南。

特性

生于海拔300~800m的山谷疏林中。喜侧方庇荫；喜温暖湿润气候；适于深厚肥沃的山地红壤、红黄壤；稍耐干旱；萌芽力较强。

园林用途

树形优美，枝叶清秀而靓丽，幼果紫色；秋叶呈黄、橙黄、橙红及紫红色，色彩丰富，观赏期10~12月。适作行道树、园景树，宜于溪岸、坡地绿化美化及风景片林营造，或修剪造型观赏，还可密植作彩篱，也是制作盆景的好材料。

繁殖方式

播种、扦插、嫁接。

相近种

观赏效果及园林用途相近的尚有闽江槭（长柄紫果槭）*A. subtrinervium*，叶柄长1.5~3cm，叶片较长而狭窄，最基部的1对侧脉仅伸达叶片长度的1/3~1/4，花序系由伞房花序组成的主轴伸长的圆锥花序，具花30~40朵，翅果长2.5~3.5cm，两翅张开呈钝角或近水平；花期5月中旬至6月中旬，果期10月下旬；浙江省产于丽水、温州。

秋色叶

秋色叶

果枝

秋色叶

秋色叶

闽江槭（长柄紫果槭）

果枝

秋色叶

095 长裂葛萝槭

学名 *Acer grosseri* Pax var. *hersii* (Rehd.) Rehd. 科名 槭树科Aceraceae 别名 青皮槭

形态

落叶乔木，高达15m。大枝青绿色，小枝无毛。单叶对生；叶片纸质，卵圆形或近圆形，7~10cm×5~8cm，基部近心形，3裂（萌芽枝上可为5浅裂），中裂片三角形或三角状卵形，先端钝尖，有短尖尾，边缘具密而尖锐的重锯齿，仅下面嫩时在叶脉基部被淡黄色丛毛；叶柄长2~4.5cm。总状花序顶生，下垂；花淡黄绿色，单性异株。翅果长2.5~2.9cm，嫩时淡紫色，两翅张开呈钝角或近水平。花期4月，果期10月。野外偶见。

地理分布

产于安吉、临安；分布于华东、华中、西北、华北及四川。

特性

生于海拔850~1450m的疏林中。喜侧方庇荫；喜温凉气候；适于深厚肥沃的山地红黄壤、黄壤；不耐干旱和水涝；萌芽力较强。

园林用途

干枝青绿，叶形奇特；秋季叶色由绿转橙黄或橙红色，观赏期10~11月。适作行道树、园景树，或作风景片林营造、坡地绿化美化。

繁殖方式

播种、扦插、嫁接。

秋色叶

096 临安槭

学名 *Acer linganense* Fang et P. L. Chiu ex Fang　　科名 槭树科Aceraceae

形态

落叶乔木，高达13m。小枝无毛，常被蜡质白粉。单叶对生；叶片纸质，近圆形，直径5~8cm，基部深心形，7~9中裂至深裂，裂片长圆形，先端锐尖，边缘具紧贴的锐尖锯齿，最下部两侧裂片几平行或覆叠，仅下面脉腋被黄色丛毛；叶柄长2.5~5cm。伞房花序顶生；花杂性同株，萼片淡紫绿色，花瓣淡黄白色。翅果长2~2.4cm，嫩时紫红色，小坚果突起，两翅张开呈锐角至钝角。花期4~5月，果期10月。野外少见。

地理分布

产于安吉、临安、淳安、天台、开化、遂昌；分布于安徽南部。

特性

生于海拔900~1450m的山谷或溪边林中。喜侧方庇荫；喜温凉气候；适于深厚肥沃的山地红黄壤、黄壤；不耐干旱和水涝；萌芽力较强。

园林用途

树形高大，枝叶婆娑，姿态优雅；秋叶色彩极为丰富，呈黄绿、黄、橙黄、橙红及红色等，观赏期10~11月。适作园景树、行道树、坡地绿化美化，或修剪造型观赏、密植作彩篱，也是制作盆景及盆栽的好材料。

繁殖方式

播种、扦插、嫁接。

附注

材用树种。

秋色叶　　果枝

秋色叶

秋色叶

秋色叶

秋色叶

097 稀花槭

| 学名 *Acer pauciflorum* Fang | 科名 槭树科Aceraceae | 别名 蜡枝槭 |

形态

落叶灌木，高1~3m。小枝细瘦，仅嫩枝微被短柔毛，老枝具白色的蜡质层。单叶对生；叶片膜质，近圆形，直径3~4cm，基部心形或近心形，5深裂，裂片长圆状卵形或长圆状椭圆形，先端钝尖，边缘具锐尖的重锯齿或单锯齿，下面被短柔毛或仅于基部脉腋有须毛；叶柄长1~1.5cm，被脱落性卷曲长柔毛。伞房花序顶生，被脱落性长柔毛。翅果长1.5cm，嫩时淡紫色，每果梗上仅生1枚果实，小坚果突起，近球形或椭圆形，被稀疏的长柔毛，两翅张开呈直角；果梗长约1cm，近于无毛。花期5月，果期9月。野外少见。

地理分布

产于杭州、丽水、温州及嵊州、宁海、仙居、磐安；分布于安徽南部。

特性

生于海拔600~800m的疏林中。喜光；喜温暖湿润气候；对土壤要求不严；极耐干旱，不耐水湿；萌芽力强。

园林用途

枝叶清秀，姿态优美；秋季叶片转黄绿、橙红、红或紫色，观赏期10~12月。适用于石质性山坡、公路边坡绿化、岩面美化、公园、庭院修剪造型观赏，或密植作彩篱、花境，也是制作盆景及盆栽的好材料。

繁殖方式

播种、扦插。

果枝

秋色叶

秋色叶

秋色叶

098 苦茶槭

| 学名 | *Acer tataricum* Linn. ssp. *theiferum* (Fang) Y. S. Chen et P. C. de Jong | 科名 | 槭树科Aceraceae | 别名 | 茶条槭、桑芽 |

形态

落叶灌木或小乔木，高达6m。小枝无毛。单叶对生；叶片薄纸质，卵形、卵状长椭圆形至长椭圆形，5~10cm×3~6cm，先端锐尖或狭长锐尖，基部圆形或近心形，不分裂或3~5微浅裂，中裂片远较侧裂片发达，下面具疏柔毛，边缘具不规则的锐尖重锯齿；叶柄长2.5~4cm。伞房花序顶生；花杂性同株。翅果长2.5~3.5cm，小坚果稍呈压扁状，两翅张开近直立或呈锐角。花期5月，果期9~10月。野外常见。

地理分布

产于湖州、杭州、台州、宁波、丽水及诸暨、磐安、开化；分布于华东及湖南、广东、陕西。

特性

生于海拔1200m以下的山坡、溪边路边灌丛或疏林中。喜光；对气候、土壤适应性强；耐干旱，稍耐水湿；萌芽力强，耐修剪。

园林用途

秋叶由绿色转为黄绿、橙黄或橙红色，观赏期11~12月。适用于河岸两侧、坡地绿化美化，也可用作园景树、风景片林营造，或密植作彩篱，修剪造型观赏。

繁殖方式

播种、扦插。

附注

嫩叶烘干后可代茶饮，有降低血压、散风清热的作用；也曾是丝织工夏季必喝的一种特殊饮料，饮用后汗水滴在丝绸上，不会出现黄色汗斑；鞣料、染料、纤维植物；种子油可供工业用。

果枝

秋色叶

秋色叶

099 三峡槭

学名 *Acer wilsonii* Rehd.　　科名 槭树科Aceraceae　　别名 武陵槭

形态

　　落叶乔木，高达15m。枝、叶无毛。单叶对生；叶片薄纸质，卵形，8~10cm×9~10cm，基部圆形，稀截形或近心形，3裂，裂片卵状长圆形或三角状卵形，先端有长1~1.5cm的尾尖，仅靠近先端偶具稀少而紧贴的细锯齿；叶柄长3~7cm。圆锥花序顶生，无毛；花杂性同株。翅果长2.5~3cm，两翅张开几呈水平，小坚果卵圆形或卵状长圆形，显著突起。花期4月，果期10月。野外偶见。

地理分布

　　产于丽水及江山、泰顺；分布于华东、华中、华南、西南及陕西南部；东南亚也有。

特性

　　生于海拔1000~1200m的山坡林中。喜侧方庇荫，大树喜光；喜温凉气候；适于深厚肥沃的山地红黄壤、黄壤；不耐干旱和水涝；萌芽力较强。

园林用途

　　树干通直，树姿优美；秋叶橙黄或橙红色，观赏期11~12月。适作行道树、园景树，也是风景片林营造、坡地绿化美化的优良树种。

繁殖方式

　　播种、扦插。

秋色叶

枝叶

秋色叶

100 无患子

学名 *Sapindus saponaria* Linn. **科名** 无患子科 Sapindaceae **别名** 木患子、肥皂树

形态

落叶乔木，高达20m。树皮灰黄色，小枝圆柱状，有黄褐色皮孔。偶数羽状复叶互生；复叶长20~45cm，具小叶4~8对，小叶片薄纸质，卵状披针形至长椭圆状披针形，6~14cm×2~5cm，先端渐尖，基部偏斜，全缘。圆锥花序顶生，密被灰黄色柔毛，花单性，雌雄同株；花小，花瓣5，绿白色或黄白色。果近球形，肉质，黄色或橙黄色。种子球形，黑色，光滑。花期5~6月，果期10~11月。野外少见。

地理分布

产于全省各地，园林中普遍有栽培；分布于华东、华中、华南、西南，常为栽培；日本、朝鲜及东南亚各国也有。

特性

生于海拔900m以下的山坡或溪谷边林中。喜温暖湿润的气候和深厚肥沃的酸性或中性土壤；喜光，也稍耐阴；较耐寒，稍耐旱，不耐涝；萌蘖性不强；生长速度中等。

园林用途

冠形整齐，枝叶婆娑；秋叶呈金黄或橙黄色，十分醒目，观赏期10~12月。宜作行道树、庭荫树、园景树，亦可植于低山丘陵营造秋色景观林。

繁殖方式

播种。

附注

根和果可入药，具清热解毒、化痰止咳功效；果皮含皂素，可代肥皂用；种子可榨油；木材质软，边材黄白色，心材黄褐色，可制作箱板和木梳等；亦是优良的蜜源植物。

秋色叶

秋色叶

秋色叶

秋色叶

101 猫乳

学名 *Rhamnella franguloides* (Maxim.) Weberb.　科名 鼠李科 Rhamnaceae　别名 鼠矢枣

形态

落叶灌木或小乔木，高2~9m。幼枝被柔毛。单叶，两两互生；叶片倒卵状椭圆形、长椭圆形，4~12cm×2~5cm，先端尾状渐尖、渐尖或突尖，基部圆形或楔形，边缘具细锯齿，上面无毛，下面被柔毛或仅沿脉被柔毛，侧脉5~13对；叶柄密被柔毛。花黄绿色，两性，排成腋生聚伞花序。核果圆柱形，长7~9mm，熟时由绿转橙黄、橙红、鲜红，最后为紫黑色。花期5~7月，果期7~10月。野外常见。

地理分布

产于全省山区、丘陵；分布于华东、华中、华南、西南、华北及陕西；日本、朝鲜也有。

特性

生于海拔1100m以下的山坡林中或灌丛中。性强健，喜光，稍耐阴，耐寒，耐旱，对土壤要求不严。生长速度较快。

园林用途

枝叶清秀，果实多彩而艳丽，观果期长；秋叶鲜黄或橙黄色，色调明快，观赏期10~11月。园林中可配置于庭院、草坪、建筑角隅等处，赏果观叶。

繁殖方式

播种、扦插。

附注

根药用可治疮疖；茎皮可提制绿色染料。

秋色叶

果枝

秋色叶

秋色叶

102 长叶冻绿

学名 *Rhamnus crenata* Sieb. et Zucc.　　科名 鼠李科 Rhamnaceae　　别名 长叶鼠李

形态

落叶灌木或小乔木，高达7m。幼枝带红色，被毛，无枝刺；裸芽密被锈色柔毛。单叶，两两互生；叶片倒卵状椭圆形、椭圆形或倒卵形，先端渐尖或突尖，基部楔形，边缘具圆细锯齿，侧脉7~12对。聚伞花序腋生；花两性，5基数，绿白色。核果球形，熟时由紫红转为紫黑色，具3枚分核，各具1粒种子。花期5~6月，果期7~10月。野外极常见。

地理分布

产于全省各地；分布于华东、华中、华南、西南及陕西；东南亚及日本、朝鲜也有。

特性

生于海拔1500m以下山地、丘陵的林下、林缘或灌丛中。喜光，稍耐阴；较耐寒，耐旱；适应性强，对土壤要求不严。生长速度中等。

园林用途

秋季叶色渐变，呈橙黄、褐黄、猩红等色，充满季相变化之美；秋叶观赏期为11~12月。园林中可配置于公园、庭院、草坪等处。

繁殖方式

播种、扦插。

附注

根有毒。根和果实含黄色染料。

相近种

冻绿 *Rh. utilis*，与长叶冻绿区别在于鳞芽，嫩枝无毛，具枝刺；叶对生或近对生；花单性，4基数。

秋色叶

秋色叶

果枝

冻绿

秋色叶

103 俞藤

学名 *Yua thomsonii* (Laws.) C. L. Li　科名 葡萄科 Vitaceae　别名 粉叶爬山虎

形态

落叶藤本。小枝圆柱形，无毛；卷须2分枝。掌状复叶互生；小叶片5枚，纸质，中间小叶片较大，侧生者较小；小叶片卵状披针形，先端尾状渐尖，基部楔形，边缘上半部每侧有4~7个细锐锯齿，上面绿色，下面淡绿色，被白粉，网脉不明显，侧脉4~6对；叶柄长2.5~6cm，无毛。复二歧聚伞花序与叶对生。果实近球形，直径1~1.3cm，熟时紫黑色。花期4~5月，果期9~11月。野外较常见。

地理分布

产于全省山区；分布于华东、华中、华南、西南。

特性

生于海拔250~1300m山坡林中，常攀援于岩石或树上。喜温暖湿润和阳光充足环境，较耐阴；较耐寒；稍耐旱；适应性强，对土壤要求不严。生长速度快。

园林用途

秋叶鲜红或紫红色，叶背苍白色，色彩艳丽，对比强烈，观赏期11~12月；果实熟时由红色渐变为紫黑色，观果期长。园林中可植于边坡、亭廊、棚架、墙垣等处。

繁殖方式

播种、扦插、压条。

附注

根供药用，可治关节炎、偏头痛等症。

相近种

大果俞藤 *Y. austro-orientalis*，与俞藤区别在于小叶片较厚，顶端急尖或圆钝，边缘锯齿较圆钝；果实较大，直径1.5~2.5cm。产于苍南、泰顺等地。

秋色叶

秋色叶

秋色叶

大果俞藤

秋色叶

海滨木槿

104

| 学名 | *Hibiscus hamabo* Sieb. et Zucc. | 科名 | 锦葵科Malvaceae | 别名 | 日本黄槿、海塘树 |

形态

落叶灌木，高1~3m。树皮灰白色，多分枝。单叶互生；叶片厚纸质，近圆形，3~6cm×3.5~7cm，两面密被灰白色星状毛。花单生于枝端叶腋；花冠钟状，直径5~6cm，黄色，花心暗紫色。蒴果三角状卵形，5裂，密被黄褐色绒毛和细刚毛。花期6~8月，果期8~9月。野外偶见。

地理分布

产于舟山、宁波；日本、韩国也有。

特性

生于大陆滨海地带及海岛的岩质、泥质海岸潮上带；对土壤的适应能力强，耐盐性与抗风力强，喜光，能耐短期水涝，也能耐干旱瘠薄，可耐夏季40℃的高温，也可抵御冬季－10℃的低温。

园林用途

花色金黄，鲜艳美丽，花期长；秋叶呈红色，观赏期11~12月。可作花灌木、花篱、花境、盆栽及修剪造型；也是优良的海岸防护林树种。

繁殖方式

扦插、播种。

附注

茎皮纤维可供制绳索或造纸。

秋色叶

花枝

秋色叶

105 梧桐

学名 *Firmiana simplex* (Linn.) W. Wight　科名 梧桐科Sterculiaceae　别名 青桐

形态

落叶乔木，高达16m。树皮青绿色，平滑。单叶互生；叶片掌状3~5裂，直径15~30cm，裂片顶端渐尖，基部心形，基出脉7条；叶柄与叶片近等长。圆锥花序顶生，长20~50cm；雌雄同株；花淡黄绿色。蓇葖果膜质，有柄，成熟前开裂呈叶状；种子圆球形，褐色，表面有皱纹。花期6月，果期11月。野外较常见。

地理分布

产于全省各地；分布于我国南北各省，从海南到华北均产，多为人工栽培；日本也有。

特性

生于低山丘陵山坡、沟谷林中或林缘。阳性速生树种；深根性，萌芽力弱；对土壤要求不严，较耐旱，不耐瘠薄和水湿；对HF、Cl_2抗性强，滞尘能力强。

园林用途

树干通直，冠形如伞，秋叶呈黄色，极好的园林景观树和行道树；色叶观赏期10~11月。

繁殖方式

扦插、播种。

附注

木材轻软，为制木匣和乐器的良材；种子可炒食或榨油；茎、叶、花、果及种子均可药用，有清热解毒功效；树皮纤维洁白，可用于造纸和编绳等；木材刨片的浸出液可用于润发。

秋色叶

秋色叶

树干

花枝

106 长柱紫茎

学名 *Stewartia rostrata* Spongberg.   **科名** 山茶科 Theaceae

形态

落叶小乔木，高4~10m。树皮鼠灰色，纵裂；冬芽扁，芽鳞2~3枚。单叶互生；叶片纸质，椭圆形或卵状椭圆形，6~10cm×2~4cm，先端渐尖，基部楔形，边缘有粗齿。花单生，直径4~5cm，白色，花瓣阔卵形，长2.5~3cm，外面有绢毛。蒴果卵圆形，先端尖；种子有窄翅。花期5~6月，果期9~10月。野外少见。

地理分布

产于宁波、温州、台州、丽水；分布于四川东部和安徽、江西、湖北。

特性

生于海拔850~1450m的山坡林缘或溪谷边。阳性树种；深根性，萌蘖性强；喜温凉湿润气候，耐寒；喜山地黄壤土、黄棕壤土；生长较慢。

园林用途

本种树干秀美、遒劲，枝叶繁茂，花色洁白；秋叶呈现红、黄、紫等色，色叶观赏期10~11月。宜作园林景观树或森林公园彩化树种。

繁殖方式

扦插、播种。

相近种

尖萼紫茎 *S. acutisepala*，树皮红褐色，具膜质剥落外皮，芽鳞5~7枚，蒴果圆锥形，产于宁波、台州、金华、丽水、温州；**紫茎 *S. sinense***，树皮灰黄色，薄片状剥落，光滑而斑驳，芽鳞5~7枚，蒴果长卵形，产于临安。

花枝

秋色叶

树干

尖萼紫茎

秋色叶

树干

花

幼果

紫茎

秋色叶

树干

花

秋色叶

107 毛八角枫

学名 *Alangium kurzii* Craib   科名 八角枫科 Alangiaceae   别名 长毛八角枫

形态

落叶小乔木，高5~10m。树皮深褐色，平滑；小枝具灰白色皮孔。单叶互生；叶片纸质，近圆形或阔卵形，12~14cm×7~9cm，先端短渐尖，基部心形，两侧不对称，全缘，背面有黄褐色丝状微绒毛，基出脉3~5条。聚伞花序有花5~7朵，花瓣6~8枚，线形，长2~2.5cm，开花时反卷，初白色，后变淡黄色。核果椭圆形，成熟后黑色。花期5~6月，果期9月。野外常见。

地理分布

产于全省山区；分布于华东、华南及湖南、贵州；缅甸、越南、泰国、马来西亚、印度尼西亚和菲律宾也有。

特性

生于低海拔的山地疏林中。阳性树种；对气候、土壤适应性强；耐干旱瘠薄；对SO_2抗性强。

园林用途

秋叶呈亮黄色，十分醒目，观赏期10~11月。宜作园林景观树，或作森林公园常绿林的点缀树种。

繁殖方式

扦插、播种。

相近种

伞形八角枫 *A. kurzii* **var.** ***umbellatum***，乔木，叶面光亮，叶背除脉腋有髯毛外，余均无毛，花序伞形或聚伞状伞形，秋叶常呈橙红或紫褐色，产于浙江南部；云山八角枫 ***A. kurzii* var. *handelii***，叶片较窄，叶背有疏毛，叶柄较短，核果较小，秋叶常呈紫褐或黄色，产于全省山区或半山区。

秋色叶

秋色叶

花序

秋色叶

伞形八角枫

秋色叶　　　秋色叶

云山八角枫

花枝

108 吴茱萸五加

 学名 *Gamblea ciliate* Clarke var. *evodiifolia* (Franch.) C. B. Shang et al.

 科名 五加科Araliaceae 别名 树三加

形态

落叶小乔木或灌木，高2~8m。树皮灰白至灰褐色，平滑；小枝暗灰色，无刺，具长、短枝。三出复叶，在短枝上簇生，在长枝上互生；小叶片卵形、卵状椭圆形或长圆状披针形，6~9cm×2.8~6cm，全缘或具细锯齿，侧生小叶基部偏斜，侧、网脉清晰，小叶无柄或具短柄。伞形花序常数个簇生或排列呈总状，稀单生；花瓣绿色，反曲。果近球形，具2~4浅棱，熟时黑色。花期5月，果期9月。野外常见。

地理分布

产于全省山区；分布于华东、华中、华南、西南及河北、陕西南部；越南也有。

特性

生于海拔400m以上的山脊岗地、山坡林中或林缘。阳性树种，喜温凉湿润的气候，对土壤适应性较强；耐干旱瘠薄。萌蘖性较弱；生长速度中等。

园林用途

秋叶纯黄或金黄色，明快亮丽，令人赏心悦目，极好的秋色叶树种，观赏期10~12月。适作风景区、公园及庭院的彩化树种。

繁殖方式

播种、扦插。

附注

树皮药用，有祛风利湿、强筋壮骨之效。

秋色叶

秋色叶

秋色叶

109 毛药藤

学名 *Sindechites henryi* Oliv.　　　　　科名 夹竹桃科Apocynaceae

形态

常绿藤本，长可达8m。茎、枝条及叶均无毛，具乳汁。单叶对生；叶片薄纸质，长椭圆形或卵状披针形，5~12cm×1~4cm，先端尾状渐尖或短尖，基部宽楔形或圆形，全缘，中脉和侧脉显著突起，侧脉细密，近平行，约20对，在近叶缘处相互网结。总状式聚伞花序顶生或近顶生，花白色。蓇葖果双生，不等长，细圆柱形，长可达25cm，熟时紫色。种子顶端具白色长绢毛。花期5~7月，果期10~12月。野外较常见。

地理分布

产于全省山区；分布于华东、华中、西南及广西。

特性

生于海拔1300m以下的山地溪边林中或山坡路旁灌丛中。喜温暖湿润的气候，对土壤要求不严，在疏松肥沃的酸性、中性或钙质土壤中均可生长；喜光，亦能耐阴；稍耐寒，不耐涝；萌蘖性较强，耐修剪；生长较快。

园林用途

入秋后，随着气温降低，叶片由绿色渐变为紫红、紫黑色，观赏期10月至翌年4月。适作坡地美化或花架、藤廊等。

繁殖方式

播种、扦插、压条。

秋色叶　　　　　果枝　　　　　秋色叶

110 宜昌荚蒾

学名 *Viburnum erosum* Thunb.　　　　**科名** 忍冬科Caprifoliaceae

形态

落叶灌木，高达3m。当年生小枝基部有环状芽鳞痕，连同芽、叶柄、花序及花萼均密被星状毛及长柔毛。单叶对生；叶片纸质，形状多样，3~10cm×1.5~5cm；叶柄长3~5mm，托叶2枚，线状钻形，宿存。复伞形花序生于具1对叶的侧生短枝之顶；花冠白色，辐状。果实宽卵圆形，熟时红色。花期3~5月，果期8~11月。野外常见。

地理分布

产于全省山区、半山区；分布于华东、华中、华南、西南；日本、韩国、朝鲜也有。

特性

生于海拔300~1500m的山坡林下或灌丛中。阳性树种；对土壤适应性强，耐干旱瘠薄，不耐涝；萌芽能力中等，稍耐修剪；生长较慢。

园林用途

春花洁白，秋果红艳；秋叶呈紫红、橘红、黄色等，观赏价值较高，观赏期10~11月。适作花灌木、造型树种及湿地引鸟植物。

繁殖方式

播种、扦插。

附注

根、叶、果药用，有清热、祛风除湿、止痒之效；茎皮纤维可制绳索及造纸；种子可榨油。

相近种

茶荚蒾（饭汤子）***V. setigerum***，小枝无毛；叶片压干或受伤后变黑色，叶柄长1~1.5cm；秋叶紫红至橙黄色，观赏期10~11月。产于全省山区、半山区；极常见。

秋色叶　　　　　果枝　　　　　花枝　　　　　托叶

秋色叶

茶荚蒾

秋色叶

雷公鹅耳枥

111

| 学名 *Carpinus viminea* Wall. | 科名 桦木科 Betulaceae | 别名 大穗鹅耳枥 |

形态

落叶乔木，高达20m。树皮灰白色，不裂，常呈凹凸状。单叶互生；叶片椭圆形、长圆形或卵状披针形，6~11cm×3~5cm，先端长渐尖或长尾尖，基部圆形或微心形，边缘有重锯齿，下面沿脉有长柔毛，脉腋有簇毛，侧脉11~15对，网脉明显；叶柄长1.5~3cm。果序长6~13cm，下垂；果苞叶状，内侧基部有明显裂片，外侧基部有裂片、裂齿或无。小坚果卵形，具细纵肋。花期3~4月，果期10~11月。野外常见。

地理分布

产于全省山区；分布于长江流域以南各地；尼泊尔、印度及中南半岛北部也有。

特性

生于海拔200~1300m的山坡阔叶混交林或针阔混交林中。喜温暖湿润气候及深厚肥沃的酸性土壤。喜光；耐寒；萌蘖性强，耐修剪；生长中速。

园林用途

树姿优美，树干苍劲；新叶黄绿、紫红、紫褐或红褐色，秋叶紫红或褐红色，春叶观赏期4~5月，秋叶观赏期10~11月。适用于园景树或森林公园栽植，也可密植修剪作彩篱。

繁殖方式

播种、扦插。

春色叶

果枝

春色叶

春色叶

秋色叶

112 短柄枹

学名 *Quercus serrata* Thunb. var. *brevipetiolata* (A. DC.) Nakai

科名 壳斗科 Fagaceae

别名 短柄枹栎

形态

落叶乔木，高达25m。树皮深纵裂。单叶互生；叶片长椭圆状倒披针形或椭圆状倒卵形，5~11cm×2~5cm，先端渐尖，基部楔形，边缘具内弯尖锐锯齿，侧脉7~12对；叶柄极短，长2~5mm。壳斗杯状，包围坚果约1/3，内具1枚坚果；坚果卵形或椭圆状倒卵形，高0.8~2cm。花期4月，果期10~11月。野外极常见。

地理分布

产于全省山区、丘陵；分布于华东、华中、华南、西南、西北及山东、辽宁；朝鲜、日本也有。

特性

生于海拔1600m以下的山地阔叶林中。

喜温凉湿润气候及深厚肥沃的酸性土壤。喜光；萌蘖性强，耐修剪，生长中速。

园林用途

新叶常呈紫红色，秋叶呈红、红黄或黄绿等色彩，春叶观赏期4月，秋叶观赏期10~12月，在高海拔地段色彩较鲜艳。适用于园林景观树及森林公园栽植。

繁殖方式

播种。

附注

坚果淀粉可供酿酒或脱涩后供食用；树皮及壳斗可提制栲胶。

春色叶

秋色叶

果枝

秋色叶

秋色叶

113 榉树

学名 *Zelkova schneideriana* Hand.-Mazz. 科名 榆科 Ulmaceae 别名 大叶榉、血榉

形态

落叶乔木，高达25m。一年生小枝灰色，密被灰色柔毛。单叶互生；叶片卵形、卵状披针形至椭圆状卵形，3~10cm×1.5~4cm，先端渐尖，基部宽楔形或圆形，边缘具桃形锯齿，上面粗糙，下面密被淡灰色柔毛，羽状脉，侧脉7~14对；叶柄长1~4mm，密被毛。坚果小，径2.5~4mm，歪斜。花期3~4月，果期10~11月。野外较常见。

地理分布

产于全省各地；分布于淮河流域、长江中下游及其以南地区。

特性

生于海拔800m以下的低山、丘陵或平原。适应性强，喜温暖湿润气候及排水良好的酸性、中性和钙质土壤，在轻盐碱土上也能生长，喜光，耐旱，耐瘠薄，耐烟尘，抗风；深根性，萌蘖性较强，耐修剪，生长速度中等。

园林用途

树体雄伟，树姿优美，枝叶茂密；新叶紫红色，秋叶呈紫红、深紫或橙红、橙黄色，颇为艳丽，春叶观赏期3~4月，秋叶观赏期10~11月。宜作园景树、行道树、庭荫树、防护林及四旁绿化树种。

繁殖方式

播种、扦插。

附注

材质强韧坚重，老树心材紫红色，属珍贵用材。国家Ⅱ级重点保护野生植物。

相近种

光叶榉 *Z. serrata*，与榉树主要区别为小枝紫褐色或棕褐色，无毛或疏被短柔毛，叶两面无毛或仅下面沿脉疏被毛。产临安等地，常散生于海拔700m以上地带。

春色叶

秋色叶

秋色叶

秋色叶

光叶榉

秋色叶

114 天仙果

学名 *Ficus erecta* Thunb. var. *beecheyana* (Hook. et Arn.) King

科名 桑科 Moraceae

别名 野枇杷、糙叶天仙果

形态

落叶小乔木或灌木，高2~8m。全株有乳汁。小枝具环状托叶痕。单叶互生；叶片厚纸质，倒卵状椭圆形，7~18cm×2.5~9cm，先端渐尖，基部圆形或浅心形，全缘，上面粗糙，两面有毛。隐头花序单生或成对腋生，雌雄异序。雌性隐花果球形或扁球形，径1.1~2cm，熟时暗紫或紫黑色，雄者较大，椭圆形，两端钝尖。花期4月，果期8~9月。沿海地区野外极常见。

地理分布

产于浙江省东部、南部、西部，大陆海岸及岛屿更为常见；分布于长江流域以南；日本、越南、马来西亚也有。

特性

生于低海拔的山坡或溪沟林下、路旁灌丛中及田野沟边，在滨海地区常成为落叶灌丛的建群种。喜温暖湿润气候及排水良好的酸性土壤，在轻盐碱土上也能生长；喜光，耐旱，耐瘠薄，抗风；萌蘖性较强，耐修剪，生长速度中等。

园林用途

新叶常呈紫红色，秋叶呈黄色，艳丽醒目，春叶观赏期3~5月，秋叶观赏期11~12月。适作盐碱地、湿地及海岛美化，或作园林观果树。

繁殖方式

播种、扦插、压条。

附注

雌性隐花果汁多，味鲜甜，可鲜食或酿酒，制果脯、果汁等；全株药用，具活血补血、催乳、止咳、祛风利湿、清热解毒功效。

相近种

异叶榕 *F. heteromorpha*，与天仙果主要区别为叶片变异极大，常呈倒卵状椭圆形、琴形或披针形，隐花果无梗；产于温州、丽水。

春色叶

秋色叶

秋色叶

异叶榕

春色叶

春色叶

115 青皮木

学名 *Schoepfia jasminodora* Sieb. et Zucc.　　**科名** 铁青树科 Olacaceae

形态

落叶小乔木或灌木，高2~7m。树皮灰白色，不裂至细纵裂；枝叶无毛，具长短枝；嫩枝有时带红色，基部膨大，顶芽缺。单叶互生；叶片卵形至卵状披针形，3.5~10cm×2~5cm，先端渐尖或近尾尖，基部圆形或近截形，全缘，黄绿色，上面叶脉近基部常带紫褐色；叶柄常带淡红色，宽扁而略扭转。聚伞状总状花序生于新枝叶腋，下垂，具2~5花；花冠黄白色，钟状。核果椭圆形，径0.6~0.7cm，熟时由绿转黄再变红色，最后变成紫黑色。花期4~5月，果期5~6月。野外较常见。

地理分布

产于全省各地山区；分布于长江以南各地；东南亚、南亚及日本也有。

特性

生于海拔1000m以下低山丘陵、向阳山坡、沟谷的疏林中或林缘。喜温凉湿润气候及深厚肥沃、排水良好的酸性至中性土壤。喜光，幼树稍耐阴；耐寒，也耐干旱瘠薄；萌蘖性较强；生长中速。

园林用途

枝叶清秀，形态优美，花淡黄色，果实色彩多变，鲜艳夺目；春叶鲜黄色，秋叶紫红色，春叶观赏期3~4月，秋叶观赏期9~10月。适作园林、庭院景观树及森林公园栽植。

繁殖方式

播种。

附注

根入药，能治骨折；种子榨油，可供工业用。

秋色叶

春色叶

秋色叶

116 连香树

学名 *Cercidiphyllum japonicum* Sieb. et Zucc.　科名 连香树科 Cercidiphyllaceae

形态

落叶乔木，高达30m。树皮薄片状剥落；具长、短枝。长枝之叶对生；叶片卵形或近圆形，2.5~3.5cm×2cm，先端钝或钝尖，基部心形，边缘具圆齿，齿端凹处有腺体，基出脉3~5条；叶柄长1~1.3cm；短枝上仅生1叶，宽卵形或扁圆形，3.5~9cm×5~7cm，掌状脉5~7条；叶柄长1~3cm。雄花单生或4朵簇生于叶腋，近无梗；雌花2~8朵腋生。蓇葖果2~6枚，圆柱形，微弯，形若微型香蕉，顶端具宿存花柱；种子先端有透明翅。花期3~5月，果期9~10月。野外偶见。

地理分布

产于临安、开化、遂昌；分布于华东、华中、西南及西北；日本也有。

特性

生于海拔650~1400m的山坡或山谷溪边杂木林中。喜凉爽湿润气候及深厚肥沃、排水良好的酸性土壤至中性土壤。幼时耐阴，成年喜光；耐寒；深根性；萌蘖性强；幼时生长迅速，成年较慢，寿命长。

园林用途

树姿雄伟，叶形奇特；春叶紫红色，秋叶金黄色，十分艳丽，春叶观赏期3~4月，秋叶观赏期10~11月。适作公园景观树、庭园树及森林公园栽植，也可试植为行道树或密植修剪作彩篱。

繁殖方式

播种、扦插、压条。

附注

木材心、边材区别明显，纹理直，结构细，为优良用材；树皮及叶可提制栲胶；第三纪孑遗植物，国家II级重点保护野生植物。雌雄异株，结实稀少，繁殖困难，需注意野生资源保护。

春色叶

春色叶

秋色叶

117 庐山小檗

学名 *Berberis virgetorum* Schneid.　　科名 小檗科 Berberidaceae

形态

落叶灌木，高约2m。木质部及内皮层呈黄色；具长、短枝，枝略具棱脊，幼枝红褐色，老枝灰黄色；刺常单一不分叉，稀3叉，具沟槽，顶端尖锐。单叶，在长枝上互生，短枝上簇生；叶片长圆状菱形，3.5~8cm×1.5~4cm，先端急尖、短渐尖或微钝，基部楔形渐窄，下沿成叶柄，全缘或有时略呈波状，上面黄绿色，下面灰白色，有白粉。总状或近伞形花序长2~5cm，具3~12朵花，有总梗。浆果长圆状椭圆形，径约4.5mm，熟时红色。花期4~5月，果期10~11月。野外少见。

地理分布

产于全省山区；分布于华东、华中、华南及贵州、陕西。

特性

生于海拔700~1500m的山坡林下、山脊灌丛中或水沟边。喜凉爽湿润的气候及深厚肥沃、排水良好的酸性或中性土壤。幼年耐阴，成年喜光；较耐寒；萌蘖性强，耐修剪；生长较快。

园林用途

枝叶茂密，姿态优雅，果实鲜红亮丽；春、秋叶均呈紫红色，艳丽夺目；春叶观赏期4~5月，秋叶观赏期9~11月。适于丛植作地被或绿篱，也可用于岩石园、花境点缀或配置于林缘。

繁殖方式

播种、扦插、分株。

附注

根皮及茎内皮可代替黄檗，用于治疗急性肝炎、胆囊炎、痢疾等。

春色叶

花枝

果序

秋色叶

118 鹅掌楸

学名 *Liriodendron chinense* (Hemsl.) Sarg.　　科名 木兰科 Magnoliaceae　　别名 马褂木、鸭掌树

形态

落叶大乔木，高达30m。树皮浅灰色；小枝灰褐色，具环状托叶痕。单叶互生；叶片形似马褂，长6~16cm，近基部具1对侧裂片，先端近截形，下面苍白色，具乳头状白粉点，无毛；叶柄长4~14cm。花冠杯状，径约5cm；花被片9枚，3轮；外轮3枚绿色，内2轮橙黄色，边缘色淡，基部微带淡绿色，并具大小不等的褐色斑点。聚合果长4cm，具翅坚果长约1.5cm。花期4~5月，果期9~10月。野外偶见。

地理分布

产于湖州、杭州、台州、衢州、丽水、温州；分布于华东、华中、西南及陕西。

特性

生于海拔500m以上的阔叶林内。喜温凉湿润的气候及深厚肥沃、排水良好的酸性土壤；幼年耐阴，成年喜光；较耐寒，稍耐旱，不耐涝，怕盐碱；具一定萌蘖性。生长迅速。

园林用途

树干高大挺拔，树姿端庄雄伟，叶形奇特，花大娇艳；春季新叶嫩黄色，成熟叶色浓绿葱郁，亭亭如华盖，风起时，叶背翻卷，远望如白浪滔滔，颇为壮观；秋叶金黄艳丽；春叶观赏期3~4月，秋叶观赏期10~11月。适用于孤植或群植为景观树、庭荫树，也可列植为行道树，还可片植为风景林、背景林，为珍贵的观赏树木。

繁殖方式

播种、扦插、嫁接。

附注

木材细致、轻软，是优良速生用材。为古老孑遗植物，国家II级重点保护野生植物，种子优良度低，天然分布稀少，需加强保护。该属为典型的东亚和北美间断分布类型，在两地植物区系及地史研究等方面有较高学术价值。

秋色叶

花

春色叶

秋色叶

秋色叶

119 红果钓樟

学名 *Lindera erythrocarpa* Makino　　科名 樟科 Lauraceae　　别名 红果山胡椒

形态

落叶灌木至小乔木，高可达6m。小枝灰白色至灰黄色，皮孔多数，显著隆起。单叶互生；叶片倒披针形至倒卵状披针形，7~14cm×2~5cm，先端渐尖，基部狭楔形并下延，上面绿色，疏被短柔毛至无毛，下面灰白色，被平伏柔毛，脉上尤密，羽状脉，网脉不明显；叶柄及叶脉常呈红褐色。伞形花序生于腋芽两侧，具花15~17朵；总梗长约5mm；花黄绿色。果球形，直径7~8mm，熟时鲜红色。花期4月，果期9~10月。野外常见。

地理分布

产于全省各地山区；分布于长江流域以南各地；朝鲜、日本也有。

特性

生于海拔1200m以下山地丘陵杂木林中。喜温暖湿润的气候及深厚肥沃、排水良好的酸性土壤；喜光，幼年较耐阴；耐寒；稍耐干旱瘠薄；具较强萌蘖性；生长较快。

园林用途

树冠开展，枝叶扶疏，果实红艳，挂果期长；春季新叶常呈紫红、鲜红、淡红等色彩，秋叶呈红或黄色，春叶观赏期4~5月，秋叶观赏期10~11月。适用于园林景观树或作森林公园配置。

繁殖方式

播种。

附注

种子可榨油。

春色叶

果枝

春色叶

秋色叶

秋色叶

120 山胡椒

| 学名 | *Lindera glauca*（Sieb. et Zucc.）Bl. | 科名 | 樟科 Lauraceae | 别名 | 假死柴、牛筋树 |

形态

落叶灌木至小乔木，高可达8m。小枝灰白色，被脱落性褐色柔毛；混合芽。单叶互生；叶片椭圆形、宽椭圆形至倒卵形，4~9cm×2~4cm，先端急尖，基部楔形，上面深绿色，下面粉绿色，被灰白色柔毛；羽状脉；枯叶常滞留至翌年发新叶时脱落，鲜叶揉碎有鱼腥草气味。伞形花序腋生于新枝下部，与叶同放，每花序具花3~8朵；总梗短或不明显；花黄色。果球形，径6~7mm，熟时紫黑色，有光泽。花期3~4月，果期7~8月。野外极常见。

地理分布

产于全省各地山区、丘陵；分布于华东、华中、华南、西南、西北及山东；东南亚及日本、朝鲜也有。

特性

生于海拔1200m以下的山坡灌丛或杂木林中。喜温暖湿润的气候；喜光，幼树稍耐阴；耐寒；对土壤要求不严，喜深厚肥沃、排水良好的酸性土壤；耐干旱瘠薄；对SO_2抗性强；萌蘖性强，耐修剪；生长中速。

园林用途

春季新叶常呈紫红、鲜红、淡红等多种色彩，秋叶呈紫红、橙红、橙黄、黄褐或金黄色，经冬不落，春叶观赏期4~5月，秋叶观赏期10~12月。适用于群植、配植为园林景观树或森林公园栽植，也可作岩石园点缀。

繁殖方式

播种、扦插。

附注

木材结构细致，供细木工等用。果、叶含芳香油，可提香精。种子榨油可供制皂、润滑等用。根、树皮、果及叶入药，可治胃痛、气喘、风湿痹痛等。

相近种

狭叶山胡椒 *L. angustifolia*，与山胡椒区别在于叶片椭圆状披针形或倒卵状椭圆形；小枝黄绿色；不为混合芽；花序无总梗，生于二年生枝上。本省产地与山胡椒基本相同。

春色叶

春色叶

秋色叶

秋色叶

秋色叶

秋色叶

秋色叶

秋色叶

狭叶山胡椒

秋色叶

果枝

121 红脉钓樟

| 学名 *Lindera rubronervia* Gamble | 科名 樟科 Lauraceae | 别名 庐山乌药 |

形态

落叶灌木至小乔木，高可达5m。树皮灰黑色；小枝细瘦，紫褐色至黑褐色，平滑。单叶互生；叶片卵形、卵状椭圆形至卵状披针形，4~8cm×2~5cm，先端渐尖，基部楔形，上面深绿色，沿中脉疏生短柔毛，下面淡绿色，被柔毛；离基三出脉；叶脉与叶柄压干后常呈红色。伞形花序成对生于腋芽两侧；总梗短，长约2mm；花黄色，先叶开放至与叶同放。果近球形，径6~10mm，熟时紫黑色。花期3~4月，果期8~9月。野外常见。

地理分布

产于全省山区、半山区；分布于华东、华中。

特性

生于海拔700m以下山坡、沟谷林下或灌丛中。喜温暖湿润的气候及深厚肥沃、排水良好的酸性土壤；喜光，幼年较耐阴；尚耐寒；稍耐干旱瘠薄；具较强萌蘖性；生长中速。

园林用途

树冠开展，枝叶扶疏；春叶常呈紫红色，秋叶色彩斑斓，呈艳红、橙红、橙黄、金黄等色彩，殊为艳丽，春叶观赏期4~5月，秋叶观赏期10~11月。适用于园林景观树或森林公园栽植。

繁殖方式

播种。

附注

果、叶含芳香油，可提取香精。

春色叶

秋色叶

秋色叶

秋色叶

灰白蜡瓣花

122

学名 *Corylopsis glandulifera* Hemsl. var. *hypoglauca* (Cheng) H. T. Chang

科名 金缕梅科Hamamelidaceae

形态

落叶灌木，高达5m。树皮灰褐色，幼枝略呈"之"字形曲折，无毛。单叶互生；叶片薄革质，近圆形，5~9cm×3~6cm，先端急尖，基部斜心形，边缘有细锯齿，齿尖刺毛状，下面灰白色，无毛，侧脉6~8对。总状花序生于侧枝顶端，长3~5cm，下垂；花黄色，先叶开放，花瓣蜡质。蒴果近球形，无毛。花期4月，果期5~8月。野外较常见。

地理分布

产于全省山区、半山区；分布于安徽、江西。

特性

生于海拔300m以上的山地灌丛、疏林中或林缘。喜温凉湿润气候及富含腐殖质的酸性或微酸性土壤；喜光，也能耐阴；耐旱，耐瘠薄；萌蘖性强，稍耐修剪。生长速度较慢。

园林用途

枝叶扶疏，早春开花，先花后叶，繁花满树，色泽艳丽；春叶紫红，秋叶变黄，春叶观赏期4~5月，秋叶观赏期10~11月。适作花灌木、花篱或边坡美化，也可作切花。

繁殖方式

播种、分株、压条。

春色叶

春色叶

秋色叶

秋色叶

秋色叶

秋色叶

秋色叶

秋色叶

123

枫香

学名 *Liquidambar formosana* Hance | 科名 金缕梅科 Hamamelidaceae | 别名 枫树、枫香树

形态

落叶乔木，高达40m。小枝具柔毛，顶芽卵形，栗褐色，有光泽。单叶互生；叶片薄革质，宽卵形，掌状3裂，先端尾状渐尖，基部心形或平截，中裂片较长，两侧裂片平展，边缘具腺锯齿，叶背有短柔毛或仅叶腋有毛；叶柄长3~10cm，托叶线形，长1~2cm。雌头状花序直径3~4cm，有花24~43朵，针形萼齿长4~8mm。果序头状，径3~4cm。花期4~5月，果期7~10月。野外极常见。

地理分布

产于全省山区、半山区；分布于黄河以南各省；日本也有。

特性

生于海拔700m以下丘陵、山地林中，在村落旁多见古树，系亚热带阔叶林代表性建群种之一。喜温暖湿润气候及深厚、肥沃、湿润的酸性、中性土壤；喜光，幼树稍耐阴；耐干旱瘠薄，抗风、抗寒，耐火性强，对SO_2、Cl_2抗性强，吸收臭氧能力强；深根性树种；萌蘖能力强，较耐修剪；生长速度快。

园林用途

树体高大通直，气势雄伟；新叶常呈红或黄色，秋叶呈鲜红、橙红、橙黄、金黄等色，灿若云锦，瑰丽夺目，是亚热带地区重要的秋色叶树种和乡村风水树，春叶观赏期3~5月，秋叶观赏期10~12月。适作园林庭荫树、行道树、园景树、森林公园彩化树。

繁殖方式

播种、扦插。

附注

优良材用树种；果实药用，名"路路通"，为镇痛及通经利尿药；树脂可供工业用或药用。

相近种

缺萼枫香 *L. acalycina*，小枝无毛，托叶长3~10mm；雌头状花序直径2.5cm，有花15~22朵，无或有极短的萼齿。产于全省山区，生于海拔700m以上的山地林中。

春色叶

春色叶

春色叶

春色叶

秋色叶

秋色叶

秋色叶

秋色叶

秋色叶

缺萼枫香

春色叶

秋色叶

秋色叶

124 钟花樱

| 学名 | *Cerasus campanulata* (Maxim.) A. N. Vassiljeva | 科名 | 蔷薇科Rosaceae | 别名 | 福建山樱花、钟花樱桃 |

形态

落叶小乔木，高达8m。树皮黑褐色，具显著横生皮孔；小枝灰褐色或紫褐色，嫩枝绿色，无毛。单叶互生；叶片纸质，卵形、卵状椭圆形或倒卵状椭圆形，4~8cm×2~4cm，先端渐尖或尾尖，基部宽楔形至圆形，缘有细尖锯齿，两面无毛，侧脉8~12对；叶柄长8~13mm，顶端常有2腺体。伞形花序具花2~5朵，先叶开放；花瓣粉红色，先端2裂。核果卵球形，径5~6mm，成熟时红色。花期2~3月，果期4~5月。野外较常见。

地理分布

产于丽水及安吉、临安、婺城；分布于福建、台湾、广东、广西；日本、越南也有。

特性

生于海拔650~1300m的山坡、沟谷林中或林缘。喜温凉湿润的气候和疏松肥沃的微酸性土壤；喜光，亦耐半阴；耐寒，不耐旱；根系浅，萌蘖性较差，稍耐修剪。生长速度中等。

园林用途

早春繁花满树，如云似霞；春叶和秋叶常呈紫红色，艳丽醒目，春叶观赏期3~4月，秋叶观赏期10~11月。适作园林园景树、行道树，也可作切花。

繁殖方式

播种、扦插、嫁接。

附注

果味酸甜，可鲜食。

果枝

花枝

春色叶

秋色叶

秋色叶

秋色叶

125 中华石楠

学名 *Photinia beauverdiana* Schneid.　　　　　科名 蔷薇科Rosaceae

形态

落叶小乔木或灌木状，高达10m。小枝紫褐色，散生皮孔，无毛。单叶互生；叶片纸质，长椭圆形，5~10cm×2~4.5cm，先端突渐尖，基部圆形或楔形，边缘疏生具腺锯齿，上面光亮无毛，下面沿中脉疏生柔毛，侧脉9~14对，叶脉在上面微凹陷；叶柄长5~10mm，疏被柔毛。复伞房花序直径5~7cm，具多花；总花梗及花梗无毛；花白色。梨果卵形，熟时红色，表面微具瘤点。花期5月，果期10~11月。野外常见。

地理分布

产于全省山区、半山区；广布于秦岭以南的亚热带地区。

特性

生于海拔1800m以下的山地丘陵山坡、沟谷林下、林缘、疏林中；喜温暖湿润的气候，适于酸性、中性和微碱性土壤；喜光，稍耐阴，耐干旱瘠薄；萌蘖能力强，耐修剪。生长速度中等。

园林用途

枝叶繁茂，花色洁白，果实红艳；新叶紫红或橙红色，秋叶金黄，极富观赏价值，春叶观赏期3~4月，秋叶观赏期10~11月。适作园景树，也可矮化作花灌木或彩篱。

繁殖方式

播种、扦插。

附注

根入药，具祛风止痛、补肾强筋功效。

相近种

绒毛石楠 *Ph. schneideriana*，叶片长圆状披针形或长椭圆形，下面老时具绒毛，幼枝、总花梗有柔毛。产于全省大部分山区。

春色叶

春色叶

果枝

秋色叶

秋色叶

春色叶

绒毛石楠

秋色叶

秋色叶

126 小叶石楠

学名 *Photinia parvifolia* (Pritz.) Schneid.　　　**科名** 蔷薇科Rosaceae

形态

落叶灌木，高1~3m。小枝纤细，红褐色，无毛，散生黄色皮孔。单叶互生；叶片椭圆形、椭圆状卵形或菱状卵形，4~8cm×1~3.5cm，先端渐尖或尾尖，基部宽楔形至近圆形，边缘有具腺的锐锯齿，上面光亮，疏生柔毛，老时脱落，下面无毛，侧脉4~6对；叶柄长1~2mm。伞形花序有花2~9朵，花梗较纤细，长1~2.5cm，无毛；花白色。果椭圆形或倒卵形，熟时橘红或红色，长9~12mm，径5~7mm。花期4~5月，果期10~11月。野外常见。

地理分布

产于全省山区、半山区；分布于长江流域以南各省及河南。

特性

生于海拔1700m以下的山坡、沟谷疏林下、灌丛中或林缘。喜温暖湿润的气候；对土壤要求不严；喜光，耐干旱瘠薄；萌蘖能力强，耐修剪。生长较慢。

园林用途

花色洁白，果实红艳；春叶棕红或淡紫色，秋叶紫红色，春叶观赏期3~4月，秋叶观赏期10~11月。适作花灌木、色叶地被、花镜，也可盆栽观赏。

繁殖方式

播种、扦插。

附注

果味甘甜，可鲜食；根、枝、叶可入药，具祛风止痛、行血止血、补肾强筋功效。

春色叶

秋色叶

果枝

127 野珠兰

学名 *Stephanandra chinensis* Hance　科名 蔷薇科Rosaceae　别名 华空木

形态

落叶灌木，高达1.5m。小枝红褐色，细弱，拱曲；顶芽缺，侧芽常2~3个叠生，红褐色。单叶互生；叶片薄纸质，卵形至长椭圆状卵形，5~7cm×2~3cm，先端急尖至尾尖，基部圆形至近心形，边缘常缺刻状浅裂，具重锯齿，两面无毛或下面脉上微具柔毛，侧脉7~10对；叶柄长6~8mm，近无毛；托叶线状披针形。圆锥花序顶生，长5~8cm；花白色。蓇葖果近球形，径约2mm，被疏柔毛。花期5月，果期7~8月。野外极常见。

地理分布

产于全省山区、半山区；分布于华东、华中及四川、广东。

特性

生于海拔1400m以下的山坡、沟谷溪边疏林、林缘及路旁灌草丛中。喜温暖湿润的气候；在酸性、中性和微碱性土壤中均能适应；喜光，亦耐阴；耐旱性强；萌蘖性强；耐修剪；生长较快。

园林用途

枝条细柔，花序洁白；新叶常紫色，秋叶蜡黄色，春叶观赏期3~5月，秋叶观赏期10~11月。适作花灌木、绿篱，也可用于林缘地被或点缀石景。

繁殖方式

播种、扦插。

附注

根入药，具解毒消肿功效，主治咽喉肿痛。

春色叶

秋色叶

秋色叶

128 | 紫藤

学名 *Wisteria sinensis* (Sims) Sweet　　科名 豆科 Leguminosae　　别名 藤萝

形态

落叶大藤木。奇数羽状复叶互生；小叶通常11枚；小叶片卵状披针形或卵状长圆形，5~8cm×2~4cm，先端渐尖或尾尖，基部圆形或楔形，上部小叶较大。总状花序顶生，下垂，花密集；花冠蝶形，蓝紫色、紫色或紫红色。荚果倒披针状带形，长约15cm，密被灰黄色绒毛。花期4~5月，果期10~12月。野外极常见。

地理分布

产于全省山区、半山区；分布于华东、华中、西北及河北、广西；日本也有。全国各地广为栽培。

特性

生于向阳山坡、沟谷、旷地、灌草丛或疏林中。喜光，适应性强，耐热，耐寒，耐瘠薄；生长快，寿命长；萌蘖性强，耐修剪。

园林用途

古藤如龙，繁花似锦，串串悬垂于绿色藤蔓间，姿态优美；新叶浅紫至暗紫红色，秋叶黄色，春叶观赏期4~5月，秋叶观赏期10~11月。是庭院廊架常用的观花植物，也可作盆景、切花。

繁殖方式

播种、扦插、压条。

附注

花可蔬食；根、茎皮及花均可入药，具利尿消肿、解毒驱虫、止吐止泻功效。

春色叶

春色叶

春色叶

秋色叶

129 臭辣树

| 学名 *Euodia rutaecarpa* (Juss.) Benth. | 科名 芸香科Rutaceae | 别名 楝叶吴萸 |

形态

落叶乔木，高可达20m。枝条暗紫色。奇数羽状复叶对生；小叶5~11枚，通常7枚，椭圆状卵形至披针形，4~15cm×1.7~6cm，先端渐尖或长渐尖，基部楔形至近圆形，常偏斜，边缘有不明显钝锯齿，背面灰白色，沿中脉疏生柔毛。聚伞状圆锥花序顶生；花小，白色或淡绿色。蓇葖果4~5枚，成熟时紫红色或淡红色。种子黑色。花期6~8月，果期8~12月。野外常见。

地理分布

产于全省山区、半山区；分布于华东、华中、华南、西南及陕西；东南亚、南亚及日本也有。

特性

生于海拔1500m以下的向阳山坡、沟谷林中或溪边灌丛中。喜温暖湿润的气候及深厚肥沃、排水良好的土壤，对土壤要求不严；耐寒；阳性树种，深根性；萌蘖性中等，稍耐修剪。

园林用途

树干通直，树冠如伞；春叶紫红色，秋叶鲜红、深红、深紫色，异常艳丽，春叶观赏期4~5月，秋叶观赏期10~12月。适作园林景观树或森林公园彩叶树。

繁殖方式

播种。

附注

果实可入药，具温中散寒、下气止痛功效。

秋色叶

春色叶

秋色叶

秋色叶

130 椿叶花椒

学名 *Zanthoxylum ailanthoides* Sieb. et Zucc.　科名 芸香科Rutaceae　别名 樗叶花椒

形态

落叶乔木，高可达15m。树干有鼓钉状大皮刺；小枝粗壮，髓部中空或具片状分隔。奇数羽状复叶互生；小叶9~27枚，对生，狭长圆形或椭圆形，7~18cm×2~6cm，先端长渐尖或短尾尖，基部圆或稍偏斜，边缘有浅钝锯齿，两面散生肉眼可见的油点，叶背灰绿色。伞房状圆锥花序顶生，多花；花瓣淡青色或白色。蓇葖果红褐色。种子棕黑色。花期8~9月，果期10~12月。滨海地区野外常见。

地理分布

产于全省滨海地区及长兴等地；分布于长江以南各地；日本、朝鲜、菲律宾也有。

特性

生于低海拔滨海山坡、沟谷杂木林中。喜温暖湿润的气候和疏松肥沃的土壤。喜光，也稍耐阴；较耐旱，稍耐寒；萌蘖性强，耐修剪。生长快速。

园林用途

树形如伞，枝叶浓密；新叶常呈亮紫红色，秋叶亮黄色，春叶观赏期3~4月，秋叶观赏期10~11月。适用于园林景观树及森林公园栽植。

繁殖方式

播种。

附注

果实可作调味品；种子可榨油；茎、叶及根可作兽药。

相近种

小花花椒 **Z. micranthum**，与椿叶花椒的区别在于小枝细弱，实心；小叶较狭长，背面淡绿色，无白粉。本省产于杭州、湖州。

春色叶

秋色叶

树干

秋色叶

小花花椒

果枝

秋色叶

131 日本野桐

学名 *Mallotus japonicus* (Linn. f.) Müll.-Arg.　科名 大戟科Euphorbiaceae　别名 野梧桐

形态

落叶灌木或小乔木，高2~4m。嫩枝、叶柄和花序轴均密被褐色星状毛。单叶互生；叶片宽卵形或菱状卵形，8~20cm×5~15cm，先端急尖或渐尖，基部圆形至楔形，全缘或3浅裂，下面仅叶脉疏被星状毛或无毛，疏被橙红色腺点；基出脉3条，近叶柄有2枚腺体。总状花序顶生，下部常有分枝；花雌雄异株。蒴果近球形，直径约8mm，密被星状毛、软刺和红色腺点。花期5~7月，果期8~10月。沿海野外极常见。

地理分布

产于宁波、舟山、台州、温州的沿海地区；分布于江苏、福建、台湾；朝鲜、日本也有。

特性

生于山谷、溪边的杂木林中。喜温暖湿润的海洋性气候；喜光，耐旱，耐瘠薄，耐海雾，抗风，稍耐盐；萌蘖性较强，较耐修剪；生长较快。

园林用途

树形整齐美观，果序奇特；新叶猩红色，秋叶艳黄或橙黄色，艳丽醒目，春叶观赏期3~4月，秋叶观赏期11~12月。适用于边坡或岛屿美化，也可密植为彩篱或公园丛植观赏。

繁殖方式

播种、扦插。

附注

种子榨油可供工业原料；树皮纤维可供造纸等用。

相近种

野桐 M. subjaponicus，与日本野桐的区别在于：总状花序不分枝；叶片宽卵形或近圆形，基部宽楔形至心形，下面被灰白色或褐色星状毛及黄色腺点。本省产于大陆海岸以西的内陆山区、半山区。

春色叶

秋色叶

野桐

春色叶

秋色叶

132 山乌桕

学名 *Sapium discolor* (Champ. ex Benth.) Müll.-Arg.　科名 大戟科Euphorbiaceae　别名 山柏

形态

　　落叶乔木，高达12m。小枝灰褐色，有皮孔。单叶互生；叶片椭圆形或长卵形，4~10cm×2.5~5cm，先端急尖或短渐尖，基部宽楔形或近圆形，全缘，背面粉绿色；叶柄纤细，长2~7.5cm，顶端有2枚腺体。花雌雄同株，总状花序顶生，长4~9cm，雌花生于花序轴下部，雄花生于上部。蒴果黑色，球形，直径1~1.5cm，熟后裂成3个分果瓣。种子近球形，外被白色蜡质假种皮。花期5~6月，果期9~11月。野外较常见。

地理分布

　　产于金华、台州、衢州、丽水、温州及宁海；分布于华东、华中、华南、西南；东南亚及南亚也有。

特性

　　生于海拔600m以下的山坡、沟谷疏林内或灌丛中。喜温暖湿润的气候和疏松肥沃的土壤，对土壤要求不严；喜光，稍耐旱，不耐寒；深根性，抗风，萌蘖性较强，稍耐修剪；生长较快。

园林用途

　　树形端整，枝叶密集；春叶紫红色，秋叶鲜红、紫红、橙红或暗红色，春叶观赏期4~7月，秋叶观赏期9~12月。可作园林景观树或山区行道树，尤宜作森林公园色叶树。

繁殖方式

　　播种、扦插。

附注

　　优良蜜源植物；种子榨油可制肥皂等；木材可制火柴。

相近种

　　白木乌桕 *S. japonicum*，与山乌桕区别在于：植株较小；叶片椭圆状卵形或长倒卵形，长6~15cm；种子外面无蜡质假种皮。产于全省山区。

春色叶

春色叶

秋色叶

秋色叶

秋色叶

白木乌桕

春色叶

秋色叶

乌桕

133

学名 *Sapium sebiferum* (Linn.) Roxb.　科名 大戟科 Euphorbiaceae　别名 木油树、木子树

形态

落叶乔木，高可达15m。嫩枝叶有乳汁。树皮暗灰色，有纵裂纹。单叶互生；叶片菱形至菱状卵形，3~13cm×3~9cm，先端突尖或渐尖，全缘；叶柄纤细，长2.5~6cm，顶端具2枚腺体。花雌雄同株，黄绿色，聚集成顶生、长3~35cm的总状花序，雌花在下、雄花在上或全部为雄花。蒴果梨状球形，直径1~1.5cm。种子扁球形，黑色，外被白色的蜡质假种皮。花期6~7月，果期9~11月。野外极常见。

地理分布

产于全省山区、平原，常为栽培；分布于华东、华中、华南、西南、西北；日本、越南也有。

特性

生于低海拔的山坡、沟谷、溪边林中。喜温暖湿润的气候，不择土壤，但在深厚肥沃的土壤中生长良好；适应性强，喜光，耐干旱瘠薄，也耐水涝，抗盐性亦强。萌蘖性较强，耐修剪；生长速度中等。

园林用途

树冠优美，叶形秀丽；新叶紫红或暗红色，秋叶紫红、大红或金黄色，如火如荼，十分美观，有"乌桕赤于枫，园林二月中"之美赞，新叶观赏期4~5月，秋叶观赏期10~12月；冬日白色乌桕子挂满枝头，经久不凋，也颇美观。宜孤植、丛植于草坪和湖畔、池边，也可用于护堤树、庭荫树、行道树或森林公园栽植。

繁殖方式

播种、扦插、嫁接。

附注

我国特有的经济树种，栽培历史悠久；种子可榨油；木材可供雕刻；根皮、树皮及叶可入药。

春色叶

秋色叶

秋色叶

春色叶

秋色叶

秋色叶

134 青灰叶下珠

学名 *Phyllanthus glaucus* Wall. ex Müll.-Arg. 科名 大戟科Euphorbiaceae

形态

落叶灌木，高可达3m。老枝褐色；侧生小枝脱落性，常绿色，基部膨大，单生或2~3条簇生于节上，单叶互生，在枝条上排成2列，极似羽状复叶；叶片椭圆形至长圆形，2~5cm×1.5~2.5cm，先端有小尖头，基部宽楔形或圆形，全缘，背面灰绿色，有短柄。花小，雌雄同株，簇生于叶腋，萼片5枚，无花瓣。浆果球形，熟时由红色转紫黑色，花萼宿存。花期4~5月，果期6~9月。野外少见。

地理分布

产于全省山区、半山区；分布于华东、华中、华南、西南；不丹、印度、尼泊尔也有。

特性

常生于海拔600m以下的沟谷、山坡林缘或灌丛中。喜温暖湿润的气候和疏松肥沃的土壤；喜光，不耐阴，耐旱，耐瘠薄；萌蘖能力及生长速度中等。

园林用途

树姿优美，枝叶清秀，果色多样而艳丽；春叶紫红色，秋叶常呈黄色或紫红色；春叶观赏期4~5月，秋叶观赏期10~11月。可作园林观果树种，或作边坡、水边美化。

繁殖方式

播种、扦插。

附注

根药用可治小儿疳积。

相近种

落萼叶下珠 *Ph. flexuosus*，与青灰叶下珠的区别在于：萼片果期脱落。产于全省山区、半山区，野外较常见。

春色叶

春色叶

秋色叶

秋色叶

落萼叶下珠

春色叶

秋色叶

油桐

135

| 学名 | *Vernicia fordii* (Hemsl.) Airy Shaw | 科名 | 大戟科 Euphorbiaceae | 别名 | 桐子树、三年桐 |

形态

落叶乔木，高达10m。单叶互生；叶片宽卵形，5~20cm×3~15cm，先端短尖或渐尖，基部截形或心形，全缘或3浅裂，背面灰绿色；掌状脉5~7条；叶柄与叶片近等长，顶端有2枚红色腺体。圆锥状聚伞花序顶生；花雌雄同株，先叶或与叶同时开放；花瓣5枚，倒卵形，长2~2.5cm，白色，有淡红色脉纹，近基部有黄色斑点。核果近球形，直径4~8cm，果皮光滑，熟时紫红色。花期4~5月，果期10~12月。野外常见。

地理分布

产于全省山区、半山区，各地广泛栽培；分布于华东、华中、华南、西南及陕西；越南也有。

特性

生于海拔1000m以下的向阳谷地、山坡林中。阳性树种；喜温暖，忌严寒；在富含腐殖质、土层深厚、排水良好、中性至微酸性砂质壤土中生长最好；萌蘖性稍差；生长较快。

园林用途

树冠宽广，叶大荫浓，花美果艳，是集观叶、观花及观果于一体的优良观赏树种；新叶呈黄、红或紫红色，秋叶橙黄或橘红色，艳丽而悦目，春叶观赏期3~4月，秋叶观赏期10~11月。宜作园林景观树或行道树，也可试用树苗密植作彩篱。

繁殖方式

播种。

附注

我国著名的木本油料树种；根、叶、花可入药。

春色叶

春色叶

春色叶

秋色叶

春色叶

春色叶

春色叶

秋色叶

136

南酸枣

| 学名 | *Choerospondias axillaris* (Roxb.) Burtt et Hill | 科名 | 漆树科 Anacardiaceae | 别名 | 五眼果、酸枣 |

形态

落叶乔木，高可达20m。树皮灰褐色，小枝粗壮，暗紫褐色，具皮孔。奇数羽状复叶互生；小叶7~19枚，卵形或卵状披针形，4~14cm×2~4.5cm，先端长渐尖，基部多少偏斜，全缘或幼株叶缘有粗锯齿。花杂性异株；雄花和假两性花淡紫红色，排列成顶生或腋生的聚伞状圆锥花序，雌花单生于上部叶腋。核果椭圆形或倒卵形，熟时黄色，中果皮肉质黏浆状，果核顶端常具5个萌发孔。花期4~5月，果期9~11月。野外常见。

地理分布

产于全省山区；分布于华东、华中、华南、西南；东南亚、南亚及日本也有。

特性

生于海拔1000m以下的沟谷、山坡阔叶林中。喜温暖湿润的气候；适生于深厚肥沃而排水良好的酸性或中性土壤；喜光，略耐阴；不耐寒；不耐涝；浅根性，萌芽力强，耐修剪；生长迅速。

园林用途

树冠宽广，生长快速，适应性强，优良的园林观赏树；新叶紫红、橘红或鲜红色，秋色黄色，春叶观赏期3~4月，秋叶观赏期10~11月。极好的行道树种、园林骨干树种和高速公路两侧的绿化树种；也可试用苗木密植作彩篱。

繁殖方式

播种、扦插。

附注

我国南方优良速生用材树种；果实可生食、酿酒或加工酸枣糕；果核可作活性炭原料；树皮可提制栲胶；树皮、果实可入药，具消炎解毒、止血止痛功效。

春色叶

春色叶

秋色叶

137 黄连木

学名 *Pistacia chinensis* Bunge　　科名 漆树科Anacardiaceae　　别名 楷树、黄楝树

形态

落叶乔木，高达20m。枝叶具浓烈的特殊气味。偶数羽状复叶互生；小叶5~8对，披针形或卵状披针形，5~10cm×1.5~2.5cm，先端长渐尖，基部偏斜，全缘。花小，单性异株，先花后叶；圆锥花序腋生，雄花序的花排列紧密，雌花序的花排列疏松。核果倒卵状球形，熟时红、紫红或蓝黑色。花期3~4月，果期9~11月。野外常见。

地理分布

产于全省各地；分布于华东、华中、华南、西南、西北及河北。

特性

多生于低海拔的沟谷、溪边、山坡或村旁林中。喜光，幼时稍耐阴；适应性极强，耐干旱瘠薄，能耐轻盐土，对土壤要求不严，以在肥沃、湿润而排水良好的石灰岩山地生长最好；对二氧化硫和烟尘的抗性较强；深根性，抗风力强，生长较慢，寿命长。

园林用途

树冠浑圆，先叶开花；春叶常呈紫红色，秋叶呈紫红、橙黄或黄色，春叶观赏期3~4月，秋叶观赏期10~12月。宜作庭荫树、行道树及园林景观树，也是"四旁"及荒山绿化、森林公园彩化的优良树种。

繁殖方式

播种、扦插。

附注

木材坚硬致密，可作建筑用材；果实、树皮、叶片可提制栲胶；种子可榨油；也是蜜源植物。

春色叶

秋色叶

秋色叶

秋色叶

138 盐肤木

| 学名 | *Rhus chinensis* Mill. | 科名 | 漆树科Anacardiaceae | 别名 | 五倍子树 |

形态

落叶灌木或小乔木，高2~10m。小枝、叶柄、花序均密被锈色柔毛。奇数羽状复叶互生；小叶5~13枚，卵形、椭圆状卵形或长圆形，6~12cm×3~7cm，先端急尖，基部楔形或圆形，偏斜，边缘具粗钝锯齿，叶背粉绿色，叶轴具宽的叶状翅；小叶近无柄。圆锥花序宽大，多分枝，雄花序长30~40cm，雌花序较短；花小，白色。核果扁球形，被具节柔毛和腺毛，熟时红色或因被有一层具咸酸味的物质而呈白色。花期8~9月，果期10月。野外极常见。

地理分布

产于全省山区、丘陵；除新疆、内蒙古、吉林、黑龙江外，全国各地均有分布；东南亚、南亚及日本、朝鲜也有。

特性

生于海拔1200m以下向阳山坡或溪边的林缘、灌丛中。适应性极强，对土壤要求不严；喜光，耐干旱瘠薄；深根性，萌蘖能力强，耐修剪，生长快。

园林用途

叶上常寄生有珊瑚状的红色虫瘿，奇特而艳丽；新叶呈红、紫红或暗红色，秋叶呈红、紫红或橘红色，春叶观赏期3~5月，秋叶观赏期10~12月。适用于边坡美化或作园林丛植、片植观赏。

繁殖方式

播种。

附注

我国主要经济树种之一，其上的虫瘿即为著名的中药"五倍子"；树皮、种子可榨油；是良好的蜜源植物；根、叶、花及果均可入药。

春色叶

春色叶

春色叶

秋色叶

秋色叶

秋色叶

139 木蜡树

学名 *Toxicodendron sylvestre* (Sieb. et Zucc.) O. Kuntze　科名 漆树科Anacardiaceae

形态

落叶乔木，高可达10m。幼枝、叶背及花序均密被黄褐色柔毛。奇数羽状复叶互生，多聚生于枝顶；小叶7~15枚，对生，卵形至长椭圆形，4~13cm×2~5cm，先端渐尖或急尖，基部圆形或宽楔形，不对称，全缘。圆锥花序腋生；花小，黄色，单性异株。核果扁球形，熟时黄褐色，无毛。花期4~5月，果期8~10月。野外极常见。

地理分布

产于全省山区、半山区；分布于长江流域及其以南各地；日本、朝鲜也有。

特性

生于海拔1000m以下的向阳山坡、沟谷疏林或灌丛中。喜温暖湿润的气候和疏松肥沃的酸性土壤；喜光，耐旱，耐瘠薄，较耐寒；生长较快。

园林用途

树干通直，冠形端整；春叶呈紫红、橙黄或紫褐色，秋叶呈鲜红、紫红或橙黄色，异常艳丽，在山坡常绿林中尤为醒目，春叶观赏期3~4月，秋叶观赏期10~12月。适作园林景观树或作森林公园色彩点缀之用。但本种易使部分人产生皮肤过敏，最适于野外远处观赏，应用时也宜栽于游人不易碰触之处。

繁殖方式

播种。

相近种

毛漆树 *T. trichocarpum*，与木蜡树的区别在于：个体较小；小枝、叶轴及花序密被硬毛；小叶片边缘具睫毛；核果被刺毛。本省产于临安、开化、龙泉、景宁、瑞安等地，通常见于海拔800m以上地段。

春色叶

春色叶

毛漆树

春色叶

秋色叶

秋色叶

140 锐角槭

学名 *Acer acutum* Fang

科名 槭树科 Aceraceae

形态

落叶乔木，高10~15m。小枝圆柱形，无毛，具皮孔。单叶对生；叶片5或7裂，稀3裂，基部心形或近心形，9~15cm×9~20cm，裂片全缘，宽卵形或三角形，中裂片和侧裂片先端锐尖，上面无毛，下面嫩时有短柔毛，老时仅沿脉有毛；叶柄具乳汁。伞房花序顶生；花瓣5枚，黄绿色。翅果长3~3.5cm，无毛，两翅张开呈锐角或近直角。花期4月，果期10月。野外偶见。

地理分布

产于杭州、宁波；分布于安徽、江西、河南。

特性

生于海拔600~1000m的山谷溪边林中。喜凉爽湿润的气候及深厚肥沃、排水良好的酸性土壤；喜光，幼年稍耐阴；较耐寒；具一定萌蘖性；主根不发达但侧根发达；生长中速。

园林用途

树冠开展，枝叶秀丽，姿态优美；春季新叶常呈紫红或深紫色，秋季叶色或红或黄，均十分艳丽醒目，春叶观赏期3~5月，秋叶观赏期10~11月。适用于孤植、丛植、群植为庭院、公园或林缘景观树，也可片植为风景林，还可列植于道路隔离带，或植于岩石边、水池旁作点缀。

繁殖方式

播种、扦插、嫁接。

秋色叶

春色叶

秋色叶

果枝

141 阔叶槭

| 学名 | *Acer amplum* Rehd. | 科名 | 槭树科Aceraceae | 别名 | 高大槭、黄枝槭 |

形态

落叶乔木，高达20m。树皮平滑，黄褐色或深褐色。小枝无毛，当年生枝绿色或紫绿色，多年生枝黄绿色或黄褐色。单叶对生；叶片纸质，9~16cm × 10~18cm，基部近心形或截形，常5裂，稀3裂或不分裂；裂片先端锐尖，全缘，裂片间的凹缺钝形；上面无毛，下面仅脉腋有丛毛；叶柄长6~10cm，几无毛，具乳汁。伞房花序顶生，总花梗长2~4mm；花黄绿色，杂性同株。翅果长3.5~4.5cm，嫩时紫色，小坚果压扁状，两翅张开呈钝角。花期4月，果期9~11月。野外较常见。

地理分布

产于杭州、台州、金华、衢州、丽水及余姚、诸暨；分布于华东、华中、华南、西南。

特性

生于海拔700~950m的溪边路旁、沟谷林缘和山坡林中。喜侧方庇荫，大树喜光；喜温凉气候；适于深厚肥沃的山地红黄壤、黄壤；不耐干旱和水涝；萌芽力较强。

园林用途

树形高大，冠形宽广，叶形奇特；新叶淡紫、紫褐或绿褐色，俯垂，秋叶呈黄绿、浅黄至金黄色，春叶观赏期3~4月，秋叶观赏期10~11月。适作行道树、园景树，也是风景片林营造、坡地绿化美化的优良树种。

繁殖方式

播种、扦插。

春色叶

春色叶

秋色叶

142 三角枫

| 学名 *Acer buergerianum* Miq. | 科名 槭树科Aceraceae | 别名 三角槭 |

形态

落叶乔木,高达15m。树皮灰黄色,片状脱落。小枝仅嫩时被疏柔毛。单叶对生;叶片纸质,卵状椭圆形至倒卵形,6~10cm×3~5cm,基部楔形或近圆形,常3浅裂,中裂片较大,近三角形,先端尖至短渐尖,全缘或上部具锯齿,下面多少被白粉;叶柄长2.5~5cm,无毛。伞房花序顶生,具短柔毛,总花梗长1.5~2cm,花黄绿色,杂性同株。翅果长2~2.5cm,小坚果显著突起,两翅张开呈锐角、平行至覆叠、交叉。花期4月,果期10月。野外常见。

地理分布

产于全省各地;分布于华东、华中、西南及广东;日本有栽培。

特性

生于海拔300m以下的路边、村宅旁、溪边向阳处或山坡疏林中。喜光;对气候、土壤适应性强;耐干旱,稍耐水湿;萌芽力强;对SO$_2$抗性中等。

园林用途

树干苍劲,树姿优美;新叶黄绿、紫或紫红色,秋叶金黄、橙红或红色,春叶观赏期3~5月,秋叶观赏期10~11月。适作行道树、园景树,风景片林营造,平原"四旁"绿化美化,边坡复绿,坡地美化,或修剪矮化造型观赏,密植修剪作彩篱,也是制作树桩盆景的重要材料。

繁殖方式

播种、扦插。

春色叶

秋色叶

秋色叶

秋色叶

果枝

秋色叶

143 乳源槭

学名 *Acer chunii* Fang　　　　科名 槭树科Aceraceae

形态

落叶乔木，高达12m。小枝细瘦，具皮孔。单叶对生；叶片纸质，卵形，大小不一，较大的叶长7~9cm×4~5cm，较小的叶长不逾4cm，宽2.5cm，先端锐尖，具尾状尖头，基部圆形，不分裂或2~3裂，分裂者两侧的裂片有时大小不等，叶背脉腋具丛毛；叶柄长3~4cm。伞房状花序顶生，几无总花序梗；花小，黄绿色。翅果长2.5~3cm，两翅展开呈钝角或近水平，小坚果长圆卵形，压扁状。花期3月，果期10月。野外偶见。

地理分布

产于泰顺（垟溪、左溪、竹里）；分布于福建、广东北部和四川西南部。

特性

生于海拔200~500m的沟谷溪边、山坡林中。喜侧方庇荫，大树喜光；喜温暖湿润的气候和深厚肥沃的山地红壤、红黄壤；不耐干旱和水涝；萌芽力较强。

园林用途

树姿优美，叶形奇特；春季嫩叶淡紫、紫褐色或中间橙黄色而边缘紫色，并间有密集的黄绿色花序，秋叶黄或紫色，春叶观赏期3~4月，秋叶观赏期11~12月。适作行道树、园景树，也是风景片林营造、坡地及河岸绿化美化的优良树种。

繁殖方式

播种、扦插。

春色叶

春色叶

花序

树干

果枝

开花全貌

144 青榨槭

| 学名 | *Acer davidii* Franch. | 科名 | 槭树科Aceraceae | 别名 | 大卫槭、青虾蟆 |

形态

落叶乔木，高达20m。大枝青绿色，常纵裂呈蛇皮状；小枝无毛。单叶对生；叶片纸质，长圆状卵形，不分裂（萌芽枝上常为3浅裂），6~14cm×4~9cm，先端锐尖或渐尖，常有尖尾，基部近心形或圆形，边缘具不整齐的钝圆齿，仅下面嫩时沿叶脉被短柔毛；叶柄长1.5~6cm。总状花序顶生，下垂；花黄绿色，杂性同株。翅果长2.5~3cm，两翅展开呈钝角或几成水平。花期4月，果期10月。野外常见。

地理分布

产于杭州、宁波、台州、衢州、丽水、温州及安吉、德清、诸暨、新昌、磐安；分布于华东、华中、华南、西南、西北。

特性

常生于海拔250~1450m的沟谷、路旁及山坡疏林中。喜光，但幼树稍耐阴；对气候、土壤适应性较强；不耐干旱和水涝；萌芽力强。

园林用途

树皮灰白，枝条青绿，树姿优美；春叶黄绿色，秋叶紫红、橙黄或橙红色，春叶观赏期3~4月，秋叶观赏期10~11月。适作行道树、园景树，也是风景片林营造、坡地绿化美化、公路边坡复绿的优良树种。

繁殖方式

播种、扦插。

附注

本种生长迅速，树冠整齐，可用为绿化和造林树种。树皮纤维较长，又含丹宁，可作工业原料；材用树种。

花枝

秋色叶

果枝

秋色叶

145 秀丽槭

| 学名 | *Acer elegantulum* Fang et P. L. Chiu | 科名 | 槭树科Aceraceae | 别名 | 青枫、五角枫 |

形态

落叶乔木，高达15m。小枝无毛，当年生枝淡紫绿色，老枝暗紫红色。单叶对生；叶片纸质，5.5~9cm×7~12cm，基部深心形或近心形，5裂，中央裂片与侧裂片卵形、三角状卵形或长圆状卵形，先端短急锐尖，尖尾长8~18mm，基部的裂片较小，边缘具低平锯齿，几无毛或仅下面脉腋被黄色丛毛；叶柄长2~5.5cm，无毛。圆锥状花序顶生，连同总花梗长7~8cm；花杂性同株，绿色。翅果长2~2.8cm，嫩时淡紫色，两翅张开近水平，小坚果突起，长圆形至近球形。花期4~5月，果期9~10月。野外较常见。

地理分布

产于杭州、台州、金华、衢州、丽水及安吉、诸暨、余姚、泰顺；分布于安徽南部和江西。

特性

生于海拔600~1500m的沟谷溪边、山坡林中。稍耐阴，喜侧方庇荫，大树喜光；适应性强，耐寒性强；对土壤要求不严；耐烟尘和SO_2，不耐干旱和水涝；萌芽力强。

园林用途

树姿优美，枝叶稠密，翅果累累，成串下垂，分外别致；新叶呈紫、绿紫、紫红及橙黄色，秋叶呈红、黄、紫、橙红、金黄或橙黄色，春叶观赏期3~5月，秋叶观赏期11~12月。适作行道树、园景树，也是风景片林营造、坡地绿化美化的优良树种。

繁殖方式

播种、扦插。

附注

可作红枫、羽毛枫的砧木；根和根皮药用；木材淡红色，是胶合板、高档家具、雕刻、装饰的材料。

相近种

观赏效果及园林用途相近的尚有**橄榄槭** ***A. olivaceum***，小枝灰绿色，叶片较小，花序短圆锥状或圆锥式伞房状，果时长与宽近相等或宽超过长，小坚果球形或近球形；产于杭州及安吉、鄞州、天台、临海、磐安、开化、江山。**毛脉槭** ***A. pubinerve***，叶柄、叶片下面（尤其沿脉）均被非平伏的黄至黄褐色宿存短柔毛，小坚果有细毛；产于杭州、金华、衢州、宁波、台州、丽水、温州及安吉。

春色叶

果枝

春色叶

春色叶

秋色叶

秋色叶

秋色叶

橄榄槭

春色叶

果枝

秋色叶

秋色叶

秋色叶

秋色叶

秋色叶

毛脉槭

全株

春色叶

秋色叶

秋色叶

146 浙闽槭

| 学名 | *Acer john-edwardianum* Metc. | 科名 | 槭树科Aceraceae | 别名 | 细齿密叶槭 |

形态

落叶灌木或小乔木，高2~5m。枝、叶无毛。单叶对生；叶片薄革质，阔卵形，2.5~4cm×3.5~5.5cm，基部近圆形至浅心形，3~5裂，裂片狭卵形或披针形，先端渐尖，边缘具细锯齿，裂片间的凹缺尖锐，深达叶片长度的2/3，上面深绿色，光亮；叶柄长1~1.5cm。伞房花序顶生，被褐色柔毛，具花约8朵，花序梗、花梗紫红色；花杂性同株，萼片紫红色，花瓣白色。翅果长2~2.5cm，淡紫色，小坚果明显突起，卵圆形，两翅张开呈钝角。花期3月下旬，果期9~10月。野外偶见。

地理分布

产于泰顺（垟溪）、永嘉（四海山）；分布于福建北部。

特性

生于海拔500m以下的沟谷溪边灌丛中、林缘、山坡林中。喜光，但幼树耐阴；喜温暖湿润气候；适于深厚肥沃的山地红壤；耐干旱，不耐水湿；萌芽力较强。

园林用途

叶色亮绿，树姿优美；春季嫩叶黄绿色，间有紫色花序，夏末连同果翅开始转紫红色，秋叶紫红色，春叶观赏期3~4月，秋叶观赏期11~12月。适作园林花灌木、修剪造型，或密植作彩篱，也是石质性坡地绿化、公路边坡复绿、岩面美化、盆景制作及盆栽的好材料。

繁殖方式

播种、扦插。

果枝

花枝

秋色叶

春色叶

秋色叶

147 毛果槭

| 学名 | *Acer nikoense* Maxim. | 科名 | 槭树科Aceraceae | 别名 | 日光槭、东部大果槭 |

形态

落叶乔木，高达15m。当年生枝密被疏柔毛。羽状复叶具3小叶，对生；小叶片厚纸质，长圆状椭圆形或长圆状披针形，7~12cm×2.5~5.5cm，先端锐尖或短锐尖，边缘具稀疏的钝锯齿，顶生小叶片基部楔形或钝形，具长4~12mm的小叶柄，被疏柔毛，侧生小叶片基部偏斜，近无小叶柄，上面仅叶脉被柔毛，下面被长柔毛，侧脉14~16对；叶柄长2~4.5cm，密被长柔毛。聚伞花序顶生，具3（~5）花；花杂性同株，黄绿色。翅果长4~5cm，两翅张开近直角或钝角，小坚果突起，近卵球形，密被短柔毛。花期4月，果期10月。野外偶见。

地理分布

产于安吉、临安、余姚；分布于华东、华中及四川东部；日本也有。

特性

生于海拔700~1200m的山坡疏林中、山脊灌丛中。喜侧方庇荫，大树喜光；喜温凉气候；适于深厚肥沃的山地红黄壤、黄壤；不耐干旱和水涝。

园林用途

树干通直，冠形优美；春叶紫褐或淡紫色，秋叶初时紫红色与绿色相间，最终呈紫或红色，非常醒目，春叶观赏期4~5月，秋叶观赏期10~11月。适作行道树、园景树，也是风景片林营造、坡地绿化美化的优良树种。

繁殖方式

播种、扦插。

附注

本种在日本称为"眼药树"，其树皮及根皮煎汤洗眼可治眼疾；材用树种。

春色叶

秋色叶

秋色叶

秋色叶

秋色叶

148 色木槭

| 学名 | *Acer pictum* Thunb. ssp. *mono* (Maxim.) Ohashi | 科名 | 槭树科Aceraceae | 别名 | 水色槭、地锦槭 |

形态

落叶乔木，高达20m。小枝无毛。单叶对生；叶片纸质，轮廓近椭圆形，5~8cm×8~11cm，基部截形或心形，常5中裂，稀3或7裂，裂片卵形，先端锐尖或尾状锐尖，全缘，仅下面叶脉或脉腋被短柔毛；叶柄长4~6cm，具乳汁。圆锥状伞房花序顶生，总花梗长1~2cm；花多数，杂性同株，萼片黄绿色，花瓣淡白色。翅果长2~2.5cm，嫩时紫绿色，两翅张开呈锐角或近钝角，小坚果压扁状。花期4月，果期9~10月。野外较常见。

地理分布

产于安吉、临安、淳安、新昌、余姚、天台、磐安、开化、遂昌、缙云；分布于华东、华中、西南、西北、华北、东北；东亚及俄罗斯东部也有。

特性

生于海拔750~1100m的沟谷、山坡疏林中。喜侧方庇荫，大树喜光；喜温凉气候；适于深厚肥沃的山地红黄壤、黄壤；不耐干旱和水涝；萌芽力较强；对HF抗性强，对SO_2抗性中等。

园林用途

树姿优美；春季嫩叶紫或紫褐色，秋叶呈黄、橙红或红色，春叶观赏期3~4月，秋叶观赏期10~11月。适作行道树、园景树，也是风景片林营造的优良树种。

繁殖方式

播种、扦插。

附注

木材坚硬、细致而有光泽，可作建筑、车辆、胶合板、乐器等细工用材；嫩芽可代茶；树液含糖，可于早春树液流动时在树干处割取煎制；种子油可供食用；也是纤维、鞣料植物。

秋色叶

春色叶

秋色叶

秋色叶

149 毛鸡爪槭

学名 *Acer pubipalmatum* Fang   科名 槭树科 Aceraceae

形态

落叶乔木，高达15m。当年生小枝被白色宿存绒毛。单叶对生；叶片膜质，扁圆形，4~5.5cm×5~7.5cm，基部截形或近心形，5（~7）深裂，裂片披针形，先端锐尖，边缘具锐尖重锯齿，嫩时两面被柔毛，后仅下面微被白色长柔毛；叶柄长2~4cm，嫩时密被长柔毛，后渐脱落。伞房花序顶生，有毛；花杂性同株，萼片紫色，花瓣淡黄色。翅果长1.6~2cm，小坚果突起，近球形，嫩时被毛，后渐脱落，两翅张开呈钝角。花期4月，果期10月。野外少见。

地理分布

产于安吉、临安、淳安、天台、磐安；分布于安徽。

特性

生于海拔750~1000m的沟谷溪边、山坡林中。喜侧方庇荫，大树喜光；喜温凉气候；适于深厚肥沃的山地红黄壤、黄壤；不耐干旱和水涝；萌芽力较强。

园林用途

枝叶婆娑，树形优美；春叶紫色、淡紫色，秋叶初时橙红色与黄绿色相间，最后呈橙红或紫红色，春叶观赏期3~4月，秋叶观赏期10~11月。适作行道树、风景片林营造和坡地绿化美化，也可用作园景树、修剪造型。

繁殖方式

播种、扦插。

附注

枝叶入药，治背痈、关节酸痛、腹痛；材用树种。

相近种

观赏效果及园林用途相近的尚有鸡爪槭 *A. palmatum*，当年生枝无毛，叶柄长4~6cm，花序具花20~30余朵，叶片通常7深裂，下面仅脉腋有白色丛毛。产于安吉（龙王山）、临安（西天目山）；本省公园、庭院普遍栽培。

春色叶

春色叶

秋色叶

秋色叶

鸡爪槭

秋色叶

秋色叶

150 黄山栾树

学名 *Koelreuteria bipinnata* Franch. var. *integrifoliola* (Merr.) T. C. Chen

科名 无患子科 Sapindaceae

别名 全缘叶栾树

形态

落叶乔木，高可达20m。叶为二回羽状复叶，对生，厚纸质；小叶9~15枚，长椭圆状卵形，4.5~7cm×1.8~2.5cm，通常全缘，稀在近先端边缘有少数粗锯齿。圆锥花序顶生，长约20cm；花黄色。蒴果卵形，长约4cm，宽3cm，顶端圆形，有突尖头，3瓣裂；种子圆形，黑色。花期8~9月，果期10~11月。野外较常见。

地理分布

产于全省山区；分布于华东、华中、华南、西南。国内外各地广泛栽培。

特性

生于海拔100~300m山坡或溪边林中。喜温暖湿润的气候，喜光、稍耐阴；较耐寒；耐干旱与土壤贫瘠。适应性强，生长速度快。

园林用途

树干挺拔，树形整齐；春季新叶嫩红色，夏日枝端开满黄花，秋季红色蒴果如铃铛挂满枝头，秋叶呈鲜黄至棕黄色，春叶观赏期4月，秋叶观赏期10~11月。可作行道树、庭荫树、园景树或群植成风景片林。

繁殖方式

播种、扦插。

附注

木材可制家具；种子油工业用。根入药，有消肿、止痛、活血之功效；花能清肝明目、清热止咳；又为黄色染料。

春色叶

秋色叶 果枝

秋色叶

果枝

151

广东蛇葡萄

学名 *Ampelopsis cantoniensis* (Hook. et Arn.) Planch.　　**科名** 葡萄科 Vitaceae　　**别名** 粤蛇葡萄

形态

大型落叶木质藤本，长可达20m。全体无毛，多少被白粉。枝有条纹。一回或近二回羽状复叶互生；小叶3~11枚，近革质，卵形或卵状长圆形，边缘具稀疏而不明显的钝齿，叶背常被白粉。花两性，小型，花瓣5枚，淡绿色，组成二歧聚伞花序。浆果倒卵状球形，熟时深紫或紫黑色。花期6~8月，果期9~11月。野外极常见。

地理分布

产于全省山区；分布于华东、华中、华南、西南；印度、老挝、印度尼西亚也有。

特性

生于低海拔的灌丛中、林中或岩坡上。

喜温暖湿润的气候和阳光充足的环境；喜光，较耐阴；不甚耐寒；稍耐旱；喜深厚肥沃富含腐殖质的酸性土壤；适应性强，生长快速。

园林用途

春叶呈鲜红、紫红、暗红或棕红色，秋叶呈鲜红或紫红色，春叶观赏期3~6月，秋叶观赏期10~11月。可配植于亭廊、藤架、墙垣等处。

繁殖方式

播种、扦插、压条。

附注

果实可酿酒；全株可入药，性寒，有利肠通便功效。

春色叶

春色叶

春色叶

秋色叶

秋色叶

秋色叶

152 异叶爬山虎

学名 *Parthenocissus dalzielii* Gagnep.　　科名 葡萄科 Vitaceae　　别名 异叶地锦

形态

落叶攀援藤本。卷须短而具分枝，顶端具吸盘。叶互生；叶片异形：生殖枝上的叶为三出复叶，具长柄，中间小叶长卵形，5~9cm×2~5cm，侧生小叶斜卵形，厚纸质，边缘具不明显的小齿，或近全缘；营养枝上的叶常为单叶，卵形，长2~4cm，边缘有稀疏圆齿；叶柄长5~11cm。聚伞花序常生于具2叶的短枝上，多分枝。浆果球形，熟时紫黑色。花期5~6月，果期8~9月。野外极常见。

地理分布

产于全省山区、丘陵；分布于华东、华中、华南及西南。

特性

生于山坡岩石等处。喜温暖湿润和阳光充足的环境；能耐阴，较耐寒，稍耐旱；适应性强，对土壤要求不严；萌蘖性强；生长速度快。

园林用途

春叶鲜红、紫红、棕红或暗紫色，秋叶鲜红、紫红或暗紫色，十分艳丽，春叶观赏期3~5月，秋叶观赏期10~11月。可配植于墙面、岩体、篱垣、立交桥柱及边坡等处。

繁殖方式

播种、扦插、压条。

附注

根及茎供药用，可治关节炎、偏头痛等症。

相近种

绿爬山虎 *P. laetevirens*，与异叶爬山虎区别在于掌状复叶，小叶常5枚。产于全省各地。

春色叶

春色叶

秋色叶

秋色叶

秋色叶

秋色叶

绿爬山虎

春色叶

春色叶

秋色叶

153 | 爬山虎

学名 *Parthenocissus tricuspidata* (Sieb. et Zucc.) Planch.　　科名 葡萄科 Vitaceae　　别名 地锦、爬墙虎

形态

落叶攀援藤本。枝较粗壮；卷须短，多分枝，顶端有吸盘。叶互生；叶片异形：生殖枝上的叶为单叶，宽卵形，10~20cm×8~17cm，先端通常3浅裂，基部心形，边缘有粗锯齿；营养枝上的叶常为三全裂或三出复叶，中间小叶片倒卵形，两侧小叶片斜卵形，有粗锯齿；幼枝上的叶片则较小而不裂；叶柄长8~22cm。聚伞花序通常生于具2叶的短枝上；花绿色，5数。果为蓝色浆果。花期5~6月，果期8~9月。野外极常见。

地理分布

产于全省山区、丘陵，园林中常有栽培；广布于全国各地；日本也有。

特性

常攀援于山坡岩石、树干及墙壁上。喜光，也能耐半阴；极耐寒；耐干旱与土壤贫瘠；适应性强，生长速度快。

园林用途

春叶呈紫红、棕红色，秋叶呈鲜红、紫红、暗紫及橙黄色，五彩斑斓，极为美丽，春叶观赏期3~5月，秋叶观赏期9~12月。最宜植于白墙、立柱等处，任其爬满立面，则春秋色叶与背景对比显著，季相变化明显，色彩鲜艳，颇为美观；也是边坡、岩面等的优良美化材料。

繁殖方式

扦插、压条、播种。

附注

根可供药用，可治风湿性关节炎、偏头痛、半身不遂等。

园林应用（夏季叶）

春色叶

春色叶

秋色叶

秋色叶

秋色叶

154 网脉葡萄

学名 *Vitis wilsoniae* H. J. Veitch　科名 葡萄科 Vitaceae　别名 大叶山天萝

形态

落叶木质藤本。幼枝近圆柱形，有白色蛛丝状毛，后变无毛。单叶互生；叶片心形或心状卵形，8~15cm×5~10cm，通常不裂，有时不明显3浅裂，边缘有波状牙齿，或稀疏小齿，下面沿脉有锈色蛛丝状毛，叶脉在下面隆起，网脉明显，并常有白粉；叶柄长4~7cm。圆锥花序狭长，长8~15cm；花小，淡绿色。浆果球形，直径7~12（~18）mm，熟时蓝黑色，有白粉。花期5~6月，果期9~10月。野外较常见。

地理分布

产于全省山区；分布于华东、华中、华南、西南。

特性

常生于海拔600m以上山谷、山坡、溪边的林缘或灌丛中。喜温暖湿润的气候和深厚肥沃的酸性土壤；喜光，稍耐阴；较耐寒；稍耐旱；生长速度较快。

园林用途

春叶呈玫红、紫红或鲜红色，有时则因被绵毛覆盖呈现银白色而边缘为玫红色，十分艳丽，秋叶呈橙红、暗红至紫红色，春叶观赏期3~5月，秋叶观赏期10~11月。宜配植于亭廊、棚架、篱垣等处。

繁殖方式

扦插、压条、播种。

附注

果可鲜食，亦可酿酒。

春色叶

春色叶

春色叶

春色叶

秋色叶

155 浆果椴

学名 *Tilia endochrysea* Hand.-Mazz.　　科名 椴树科 Tiliaceae　　别名 白毛椴

形态

落叶乔木，高达15m。小枝密被脱落性毛。单叶互生；叶片卵圆形或卵状圆形，10~17cm×5.5~11cm，先端急尖至渐尖，基部斜心形至斜截形，边缘有10枚以下粗大浅锯齿，有时近全缘或每侧仅中部以上有1枚裂片状粗大锯齿，上面绿色，无毛或具极稀疏的星状毛，下面灰白色，密被短星状毛，脉腋有簇毛；叶柄有毛。聚伞花序腋生，总花梗与苞片近基部合生，苞片长圆状条形，7~10cm×2~3cm，两端宽钝，中间稍狭；花瓣白色。果实球形，熟时5瓣开裂。花期7~8月，果期10~11月。野外较常见。

地理分布

产于杭州、台州、衢州、丽水、温州；分布于华东、华南及湖南。

特性

生于海拔400~1600m的山坡、沟谷林中。喜光，稍耐阴；较耐寒；喜酸性土壤；深根性树种，抗风性、萌芽力强；生长较快。

园林用途

春季新叶呈玫紫色，在黄绿色的托叶衬托下，分外迷人；秋色叶金黄色，艳丽夺目。春色叶观赏期3~4月，秋色叶观赏期11月。可用于公园、庭院景观树或作行道树，也可矮化栽植为彩篱。

繁殖方式

扦插、播种、嫁接。

附注

树皮纤维柔韧，可代麻制人造棉或造纸；也是优良的蜜源植物。

春色叶

春色叶

秋色叶

156 南紫薇

| 学名 *Lagerstroemia subcostata* Koehne | 科名 千屈菜科 Lythraceae |

形态

落叶乔木或灌木，高可达14m。树皮薄，灰白色或茶褐色，薄皮状剥落，树干光滑而呈斑驳状。单叶对生或近对生；叶片膜质，长圆形，2~11cm×1~5cm，先端渐尖，基部阔楔形，侧脉3~10对，在近叶缘处联结；叶柄短。顶生圆锥花序长5~15cm，花密生；花瓣6枚，长2~6mm，白色或玫瑰色，皱缩，有爪；雄蕊多数。蒴果椭圆形，瓣裂。种子有翅。花期7~9月，果期8~10月。野外少见。

地理分布

产于浙江西北部、西部及西南部；分布于华东、华中、华南及四川、青海等地；日本琉球群岛也有。

特性

生于海拔150~600m山谷、溪边的林缘或灌丛中，也见于石灰岩山地。阳性树种；对气候、土壤适应性强；耐寒，耐干旱瘠薄；萌芽力强，耐修剪，生长缓慢，寿命长。

园林用途

树形优美，树干奇特，花量繁多；春叶紫红色，秋叶呈玫红、紫红、黄或红黄间杂色，春叶观赏期4~5月，秋叶观赏期10~11月。宜作公园、庭院景观树，或作盆栽、盆景观赏。

繁殖方式

扦插、播种。

附注

材质坚韧，可作家具、细木工及建筑用材；花供药用，有祛毒散瘀功效。

相近种

浙江紫薇 *L. chekiangensis*，树皮条状纵裂，粗糙；小枝有棱，密被柔毛；叶质厚，背面密被毛，网脉明显，产于金华、绍兴、台州等地；**紫薇 *L. indica***，树皮光滑，片状脱落；小枝具4棱；叶椭圆形，叶柄短或无；花萼无棱，无毛，产于全省山区、半山区。

春色叶

秋色叶

树皮

紫薇

秋色叶

秋色叶

花枝

树皮

春色叶

浙江紫薇

花枝

春色叶

树皮

秋色叶

157 蓝果树

学名 *Nyssa sinensis* Oliv.　　　**科名** 蓝果树科 Nyssaceae　　　**别名** 紫树

形态

　　落叶乔木，树皮常薄片状剥落；小枝圆柱形，皮孔显著。单叶互生；叶片纸质或薄革质，椭圆形或长椭圆形，12~15cm×5~6cm，顶端急尖，基部近圆形，叶背有光泽。雌雄异株；伞形或短总状花序。核果矩圆状椭圆形或长倒卵圆形，1~1.2cm×0.6cm，熟时蓝黑色。花期4~5月，果期7~10月。野外常见。

地理分布

　　产于全省山区、半山区；分布于华东、华中、华南及西南。

特性

　　常生于海拔300~1500m的山谷、山坡或溪边的混交林中。阳性速生树种；喜温凉湿润气候；耐寒，抗雪压；喜酸性至微酸性土壤，耐干旱瘠薄；根系发达，萌蘖能力强。

园林用途

　　树干挺直，树体高大，枝繁叶茂，生长迅速；春叶呈紫红、艳红、橙红等色，秋叶呈深红、鲜红、紫红、深紫及黄色，极其靓丽，春叶观赏期3~5月，秋叶观赏期10~12月。可作园林景观树、行道树，或作森林公园彩化树。

繁殖方式

　　扦插、播种。

附注

　　木材坚硬，供枕木、建筑及家具用；果可食用。

春色叶

春色叶

秋色叶

秋色叶

秋色叶

158 楤木

学名 *Aralia hupehensis* G. Hoo   科名 五加科Araliaceae   别名 鸟不宿

形态

落叶小乔木或灌木，高2~5m。茎干粗壮，疏生粗短皮刺；小枝、叶、花序通常被黄棕色绒毛，疏生细刺。二至三回羽状复叶互生；小叶片卵形、宽卵形或近心形，下面有时灰白色，边缘具细锐锯齿，近无小叶柄。伞形花序组成大型顶生圆锥花序；花小，白色，芳香。浆果球形，有5棱，熟时黑色。花期6~8月，果期9~10月。野外极常见。

地理分布

产于全省山区、半山区；分布于华东、华中、华南、西南、华北。

特性

生于低山丘陵的山坡、沟谷疏林中、林缘及空旷地或乱石堆灌丛中。阳性树种；对气候、土壤要求不严；耐干旱瘠薄；耐寒；萌蘖性较强；生长较快。

园林用途

新叶紫红或紫褐色，秋叶紫红或黄色，春叶观赏期3~4月，秋叶观赏期10~11月。适用于坡地美化、刺篱等。

繁殖方式

播种。

附注

根皮入药，有活血散瘀、健胃、利尿功效；种子含油，供制肥皂；嫩茎叶可蔬食。

相近种

长刺楤木 ***A. spinifolia***，与楤木主要区别为植株较小，小枝、总叶轴、羽轴和小叶片的两面均散生长而直的刺和刺毛，刺毛与新叶呈玫紫色。产于温州。

春色叶

树干

秋色叶

长刺楤木

春色叶

159 刺楸

| 学名 | *Kalopanax septemlobus* (Thunb.) Koidz. | 科名 | 五加科Araliaceae | 别名 | 五叶刺枫、鼓钉刺 |

形态

落叶乔木，高达20m。主干与小枝密被扁宽皮刺；幼枝常具白粉。单叶互生；叶片近圆形，径10~30cm，基部心形或截形，掌状5~9裂，裂片三角状宽卵形或卵状长椭圆形，边缘具细锯齿；叶柄长6~20cm。伞形花序聚生成顶生圆锥花序，花瓣白色或淡黄色。果球形，熟时蓝黑色。花期7~8月，果期9~12月。野外常见。

地理分布

产于湖州、杭州、绍兴、宁波、舟山、台州等地；分布于华东、华中、华南、西南、华北及陕西、辽宁；朝鲜、韩国、俄罗斯、日本也有。

特性

生于海拔50m以上的山地丘陵林中、林缘及山脚、路边、村旁。阳性速生树种，浅根性，根蘖力强；对气候、土壤要求不严；抗火性、滞尘能力强；生长快速。

园林用途

树干皮刺奇特，冠大荫浓；新叶黄绿色，秋叶金黄色，艳丽醒目，春叶观赏期3~5月，秋叶观赏期9~11月。适用于小片林、园景树。

繁殖方式

播种、根插。

附注

材质硬，木理通直，纹理美观，供家具、乐器及建筑用；根皮、树皮入药，有清热凉血、祛风除湿、消肿止痛之效，但根皮有小毒；嫩芽叶可蔬食。

花序

树干

春色叶

秋色叶

160 灯台树

学名 *Bothrocaryum controversum* (Hemsl.) Pojark.　科名 山茱萸科Cornaceae　别名 瑞木

形态

落叶乔木，高达15m。树冠伞形，分枝层状；小枝紫红色，后变淡绿色。单叶互生，常集生于枝条上半部；叶片宽卵形或椭圆状卵形，5~13cm×4~9cm，先端急尖，基部圆形，上面深绿色，下面灰绿色，疏生伏贴"丁"字毛，侧脉6~9对；叶柄带紫红色。伞房状聚伞花序顶生，花小，白色。果球形，直径6~7mm，熟时紫红至蓝黑色。花期4~5月，果期8~9月。野外常见。

地理分布

全省除北部平原外均产；分布于华东、华南、西南、华北及辽宁；朝鲜、韩国、日本、印度、尼泊尔、不丹也有。

特性

生于海拔200m以上的沟谷溪旁、山地阳坡阔叶林中或林缘。阳性速生树种，喜温凉湿润气候及半阴环境，耐寒性强；对土壤适应性强；生长较快。

园林用途

树形优美，花序大型，呈云层状舒展；新叶呈紫红、玫紫、血红、橙黄、棕红、黄绿色，秋叶呈金黄色，有时夏梢也呈深紫色，十分艳丽，春叶观赏期3~5月，秋叶观赏期10~11月。适作行道树、园景树、小片林栽植，也可试用苗木密植作彩篱。

繁殖方式

播种、扦插。

附注

材用树种；种子榨油，可制肥皂及润滑油；叶入药，有消肿止痛的功效。

春色叶

春色叶

春色叶

春色叶

春色叶

秋色叶

秋色叶

161 秀丽四照花

学名 *Dendrobenthamia elegans* W. P. Fang et Y. T. Hsieh　　科名 山茱萸科Cornaceae　　别名 山荔枝

形态

常绿小乔木，高达12m。树皮灰白色或灰褐色，平滑；小枝微被柔毛。单叶对生；薄革质，椭圆形至长椭圆形，5~8cm×2.5~4.5cm，先端渐尖，基部楔形或宽楔形，全缘，两面绿色，无毛，或下面带灰白色，疏生伏贴"丁"字毛，侧脉3~4对，弧形内弯，脉腋有或无毛；叶柄长5~10mm，上面有浅沟。头状花序球形，总苞片4枚，花瓣状，白色。果序球形，径1.5~2cm，熟时红色。花期5~7月，果期10~11月。野外较常见。

地理分布

产于除湖州、嘉兴、舟山外的全省山区；分布于江西、福建。

特性

生于海拔350m以上的沟谷溪边林中或阴坡阔叶林中。中性偏阳树种，幼树耐阴；喜温暖湿润气候，对土壤要求不严，耐干旱瘠薄；抗火性能强，萌蘖性强，耐修剪。

园林用途

枝叶扶疏，叶色浓绿光亮，春叶呈紫红、大红、橙红、暗紫色，入夏满树繁花，花大形美，洁白无瑕，入秋硕果形如荔枝，挂满枝头，冬季至早春老叶常变紫红或暗紫色；春叶观赏期3~5月，老叶变色期12月至翌年2月。适作风景区、公园、庭院美化观赏，也可矮化栽培作彩篱、色块等。

繁殖方式

播种、扦插。

附注

果实成熟时，味甜可食。

春色叶

果枝

春色叶

春色叶

秋色叶

162 四照花

| 学名 | *Dendrobenthamia japonica* (Sieb. et Zucc.) W. P. Fang var. *chinensis* (Osborn) W. P. Fang | 科名 | 山茱萸科Cornaceae | 别名 | 梅球果 |

形态

落叶小乔木，高可达8m。树皮不规则薄片状剥落，斑驳。单叶对生；叶片纸质，卵形或卵状椭圆形，4~8cm×2~4cm，背面粉绿色，脉腋簇生柔毛，侧脉（3）4~5对，弧曲；叶柄长5~10mm。头状花序球形，具4枚白色大型花瓣状的总苞片，初为白色，后变为淡黄色，花小，黄色。聚花果球形，熟时橙红或暗红色。花期5月，果期9~10月。野外常见。

地理分布

产于全省山区；分布于华东、华中、华南、西南、西北及河北。

特性

生于海拔400m以上的山坡、沟谷或山顶林中、林缘。中性偏阳树种；喜温凉湿润的气候和酸性、微酸性土壤；耐寒，耐干旱瘠薄；萌蘖性中等；生长较慢。

园林用途

树形优美，初夏开花，花序下4枚大型白色总苞片耀眼夺目；春叶黄绿或紫红色，偶有金黄色变异，初秋红果累累，十分诱人，深秋叶片呈现黄绿、绛红、紫红、暗红等色；春叶观赏期4~5月，秋叶观赏期10~11月。适作片林、行道树、园景树。

繁殖方式

播种、扦插、分株。

附注

果实味甜，可食或供酿酒。对叶片呈金黄色变异的植株可进行扩繁，培育观叶新品种。

春色叶

花枝

春色叶

秋色叶

秋色叶

163 江南山柳

| 学名 *Clethra delavayi* Franch. | 科名 山柳科Clethraceae | 别名 云南桤叶树 |

形态

落叶灌木或小乔木，高1~4m。小枝近圆柱形，具棱纹，嫩时密被星状绒毛，后变无毛。单叶互生；叶片纸质，卵状椭圆形或长圆状椭圆形，3~11cm×1~4.5cm，先端急尖或渐尖，基部阔楔形或近圆形，边缘具细尖锯齿；叶脉、花序轴及苞片常呈红色。总状花序单一，长8~15cm，花白色或淡粉红色。蒴果球形，直径4~5mm。花期7~8月，果期9~10月。野外较常见。

地理分布

产于丽水、温州；分布于华东、华南、西南。

特性

生于海拔800m以上的山谷阔叶林下、山脊或山顶灌丛中。中性偏阳树种，对气候、土壤要求不严；耐干旱瘠薄；生长中速。

园林用途

新叶紫红或棕红色，秋叶亮黄醒目，春叶观赏期3~5月，秋叶观赏期10~11月。适用于园景树、坡地美化及彩篱。

繁殖方式

播种、扦插。

花枝

春色叶

春色叶

秋色叶

164 毛果南烛

| 学名 | *Lyonia ovalifolia* (Wall.) Drude var. *hebecarpa* (Franch. ex Forb. et Hemsl.) Chun | 科名 | 杜鹃花科 Ericaceae | 别名 | 毛果珍珠花 |

形态

落叶灌木或小乔木，高达5m。小枝红色或淡红色。冬芽发达，红色。单叶互生；叶片纸质，卵状长圆形或卵状椭圆形，稀卵形，4~12cm×2~5.5cm，先端短渐尖，基部圆形、楔形或浅心形，全缘，网脉明显。总状花序簇生于枝顶或形成圆锥花序，长6~15cm，花偏向一侧；花蕾先端常带淡紫红色；花冠白色，坛状，5浅裂。蒴果球形。花期3~4月，果期8~9月。野外常见。

地理分布

产于全省山区、丘陵；分布于华东、华中、华南、西南及陕西。

特性

生于海拔1600m以下的山地林中或灌丛中。喜温暖湿润气候和疏松肥沃的酸性土壤；喜光，耐旱，耐瘠薄；萌蘖性较强，稍耐修剪。

园林用途

花朵成串，洁白可爱；新叶常呈紫红、紫褐等色，秋叶紫红色，春叶观赏期3~5月，秋叶观赏期10~11月。适作花灌木，或修剪矮化作彩篱，也可作切花。

繁殖方式

播种、扦插。

附注

根及叶药用，可治脾虚腹泻、头晕目眩、跌打损伤等。

春色叶

春色叶

花枝

春色叶

秋色叶

165 扁枝越桔

| 学名 | *Vaccinium japonicum* Miq. var. *sinicum* (Nakai) Rehd. | 科名 | 杜鹃花科Ericaceae | 别名 | 山小檗 |

形态

落叶灌木，高0.4~2m。枝条扁平，绿色，无毛。单叶互生；叶片排成2列，纸质，卵形、长卵形或卵状披针形，1.5~5cm×0.8~2cm，先端渐尖或急尖，近基部最宽，基部圆或截形，边缘有细锯齿，齿尖有具腺短芒；叶柄长1~2mm。花单生于叶腋，下垂，花冠白色，有时带淡红色，花冠裂片反卷；雄蕊6枚，花药顶端延伸成2个管状附属物。浆果直径约5mm，熟时红色。花期7月，果期10~11月。野外少见。

地理分布

产于丽水、温州及武义、开化；分布于华东、华中、华南、西南及甘肃。

特性

生于海拔900m以上的山脊林下或山顶灌丛中。中性偏阳树种，对气候、土壤要求不严；耐干旱瘠薄；生长较慢。

园林用途

植株纤巧，枝叶扶疏，枝条扁绿，花果特异；春叶呈鲜红、紫红、暗紫、橙红色，秋叶呈紫红或暗红色，春叶观赏期4~5月，秋叶观赏期10~11月。适作庭院花灌木，或用于盆栽观赏，也可密植为彩篱。

繁殖方式

播种、扦插。

果枝

花枝

春色叶

春色叶

春色叶

春色叶

秋色叶

166 野柿

学名 *Diospyros kaki* Thunb. var. *silvestris* Makino　　科名 柿树科Ebenaceae

形态

落叶乔木，高达8m。小枝、叶柄密生黄褐色短柔毛。单叶互生；叶片卵状椭圆形，4~12cm×3~8cm，先端急尖或凸渐尖，基部宽楔形至近圆形，全缘，下面被褐色柔毛。雌雄异株；雄花3朵组成短聚伞花序，雌花单生于叶腋；花冠坛状，乳黄色。浆果近球形或卵圆形，直径2~5cm，熟时橙黄或橙红色，有白霜，基部具4枚花后增大的萼裂片。花期4~5月，果期10~12月。野外常见。

地理分布

产于全省山区、半山区；分布于华东、华中、西南；日本也有。

特性

生于丘陵山地林中、林缘及灌丛中。阳性树种，对气候、土壤适应性强，耐干旱瘠薄，耐水湿和轻度盐碱；生长中速，寿命长。

园林用途

浆果红艳，经久不凋，如盏盏火红的小灯笼，给人以温暖，优良的观果树种；春叶呈紫红、棕红或黄绿色，秋叶呈鲜红、橙红、暗红色，十分抢眼，春叶观赏期3~4月，秋叶观赏期11~12月。适作园景树、森林公园增彩树及湿地引鸟树。

繁殖方式

播种、扦插。

附注

柿树育种种质资源，可作柿树砧木。果可食用，也可提取柿漆；柿霜及柿蒂入药。

春色叶

春色叶

秋色叶

果枝

秋色叶

167 络石

| 学名 | *Trachelospermum jasminoides* (Lindl.) Lem. | 科名 | 夹竹桃科 Apocynaceae | 别名 | 耐冬、万字茉莉 |

形态

常绿木质藤本，长可达10m。茎具气生根，嫩茎叶具乳汁；老茎红褐色，具皮孔；幼枝、叶背、叶柄均被脱落性黄色柔毛。单叶对生；革质或近革质，椭圆形、宽椭圆形、卵状椭圆形或长椭圆形，2~8.5cm×1~4cm，侧脉6~12对，不明显。聚伞花序组成圆锥状；花白色，高脚碟状，具清香。蓇葖果双生，叉开，披针状圆柱形，长可达20cm，绿色。种子顶端具一簇长3~4cm的白色种毛。花期4~6月，果期8~10月。野外极常见。

地理分布

产于全省各地；广布于除东北及新疆、西藏、青海以外的各省；朝鲜、韩国、日本、越南也有。

特性

生于山坡、沟谷林缘或林中，常攀援于树干、岩石、崖壁、墙壁上。喜光，但在庇荫生境生长更旺盛；生态幅度宽广，耐寒、耐潮湿、耐干旱瘠薄；对SO$_2$抗性强；萌蘖性强，耐修剪；生长迅速。

园林用途

春叶呈紫红、血红、橙黄或棕红色，秋冬部分叶片呈血红、紫红或深紫色，偶尔全体叶片呈紫黑色，春叶观赏期4~6月，秋冬叶观赏期10月至翌年3月。适作公园、庭院石景点缀，墙垣、边坡、柱干等垂直绿化或作地被。

繁殖方式

播种、扦插、压条。

附注

纤维植物；根、茎、叶、果实可药用；乳汁有毒。

春色叶

春色叶

春色叶

秋色叶

秋色叶

秋色叶

秋色叶

168 厚壳树

学名 *Ehretia acuminate* R. Br.　　　　　科名 紫草科 Boraginaceae

形态

　　落叶乔木，高达15m。树皮灰黑色，不规则纵裂，小枝略呈"之"字形曲折；芽黑褐色，压扁状。单叶互生；叶片纸质，倒卵形、倒卵状椭圆形，7~20cm×3~11cm，先端短渐尖或急尖，基部楔形至近圆形，边缘有细锯齿，上面疏生短糙伏毛，下面仅脉腋有簇毛，侧脉5~7对。圆锥花序顶生或腋生，花小，白色，花冠裂片长于筒部，有香气。核果球形，径3~4mm，橘红色。花期5~6月，果期7~9月。野外常见。

地理分布

　　产于全省山区、半山区；分布于华东、华中、华南、西南；日本、菲律宾、马来西亚、越南、印度及大洋洲北部也有。

特性

　　散生于山地丘陵的沟谷、山坡林中。阳性树种；喜温暖、湿润气候；对土壤适应性强；根系发达，萌蘖性强，耐修剪；对SO_2抗性较强。生长中速。

园林用途

　　树冠丰满，枝叶繁茂，春季白花如雪，秋季红果累累；春叶常呈紫红、深紫或紫褐色，秋叶呈金黄色，春叶观赏期4~6月，秋叶观赏期9~11月。适作园景树、行道树或常绿林的色彩点缀树。

繁殖方式

　　播种、扦插。

附注

　　材用树种；树皮可作染料；嫩叶芽可供食用；叶、树枝、心材入药；树皮可作染料。

春色叶

春色叶

秋色叶

169 棕脉花楸

学名　*Sorbus dunnii* Rehd.　　　　科名　蔷薇科Rosaceae

形态

落叶小乔木，高可达7m。小枝紫褐色，具皮孔。单叶互生；叶片薄革质，椭圆形或长圆形，6~10cm×3~5cm，先端急尖或短渐尖，基部宽楔形，边缘具不规则锯齿，上面无毛，下面密被黄白色绒毛，中脉和侧脉上则密被棕褐色绒毛，侧脉14~18对；叶柄长1.5~2.5cm。复伞房花序顶生；花白色。梨果球形，红色，径5~8mm，通常具少数斑点。花期5月，果期8~10月。野外少见。

地理分布

产于丽水、温州及开化；分布于安徽、福建、广西、贵州、云南。

特性

生于海拔900~1500m的山坡、山顶疏林中。喜温凉湿润的气候，对土壤要求不严，但喜湿润肥沃的砂质壤土；喜光，稍耐阴，耐旱、耐寒、耐瘠薄；根系发达，萌蘖性较强；生长中速。

园林用途

树形优美，枝叶秀丽，初夏白花如雪，叶片上面绿色，下面白色，随风摇曳，斑驳陆离，入秋叶紫果红，观赏期3~12月。优良的园林观赏树种。

繁殖方式

播种、扦插。

附注

树皮和果实可入药，具清肺止咳、健胃补虚功效。

果枝

双色叶

叶背面

成熟果枝

170 黄杨

学名 *Buxus sinica* (Rehd. et Wils.) M. Cheng　科名 黄杨科Buxaceae　别名 瓜子黄杨、黄杨木

形态

常绿灌木或小乔木，高可达6m。小枝四棱形。单叶对生；叶片宽椭圆形、宽倒卵形、卵状椭圆形或长圆形，0.5~3.5cm×0.5~2cm，先端圆钝，常具微凹，基部圆或宽楔形，中脉上面隆起。头状花序腋生，花黄色，密集，单性，雌雄同株。蒴果近球形，顶端具3枚粗短而具间隔的花柱。花期3月，果期5~6月。野外较常见，但叶色变异类型偶见。

地理分布

产于全省山区、半山区；分布于华东、华中、华南、西南、西北。

特性

生于海拔1400m以下的沟谷溪边、林下、林缘及山坡灌丛中。喜温暖湿润的气候；对土壤要求不严；适应性强，喜光，亦能耐阴，耐热，耐寒，耐旱，但忌长期积水，抗风，对HF、Cl_2抗性较强；分蘖性极强，耐修剪，易成型；生长缓慢。

园林用途

株型紧凑，枝叶密集；野生植株中偶有全株或部分枝条的叶色发生变异的个体，主要有金黄色和深红色2种类型，异常艳丽，极具开发价值，观赏期全年。园林中可用作彩篱、花坛镶边、色块、花坛图案、造型或盆栽，也可制作盆景。

繁殖方式

播种、扦插、组培。

附注

根、叶可入药；木材坚硬细密，是雕刻工艺的上等材料。

相近种

珍珠黄杨 *B. sinica* var. *parvifolia*，与黄杨区别在于：叶片较小，薄革质，宽椭圆形至宽卵形，7~10mm×5~7mm，侧脉明显隆起，冬季叶片常呈紫红或紫黑色。浙江省仅产于临安清凉峰，生于海拔1700m以上地段。

常色叶

常色叶

常色叶

珍珠黄杨

常色叶

171 温州葡萄

学名 *Vitis wenchouensis* C. Ling ex W. T. Wang 科名 葡萄科 Vitaceae

形态

落叶木质藤本。枝纤细，无毛；卷须不分叉。单叶互生；叶片薄纸质或近纸质，叶形变异较大，常为戟状狭三角形或三角形，下部常有3~5个不规则浅裂片，4~9.5cm×2.5~5cm，先端长渐尖，基部深心形，边缘具粗齿牙及短睫毛，上面沿中脉及侧脉有短伏毛，具光泽，下面网脉稍明显，无毛，紫红色，被白粉；叶柄长1.8~3.2cm，无毛。雌花序长3.8~6cm，花小，花序轴及花梗有开展的短毛。浆果近球形，径约8mm，熟时紫黑色。花期5~6月，果期8~10月。野外少见。

地理分布

产于丽水（莲都、景宁）、温州（乐清、永嘉、瑞安、文成、泰顺）、台州（仙居）。浙江特有种。

特性

常生于山坡路边灌丛中。喜温暖湿润和阳光充足的环境，较耐阴；稍耐寒；较耐旱；适应性强，对土壤要求不严；生长较快。

园林用途

春、夏生长期叶片上面深绿色，下面紫红色，秋季叶色转暗红或鲜红，观赏期为春、夏、秋三季。最宜植于篱笆、墙垣、棚架等处。

繁殖方式

扦插、压条、播种。

附注

果可鲜食或酿酒。

相近种

红叶葡萄 *V. erythrophylla*，与温州葡萄的区别在于叶背细脉稍隆起形成明显脉网，两面沿一级脉有极短柔毛，叶柄多少被短柔毛。产于建德、婺城、衢江、开化、景宁。

双色叶

双色叶

双色叶

双色叶

红叶葡萄

双色叶

172 对萼猕猴桃

学名 *Actinidia valvata* Dunn　　科名 猕猴桃科 Actinidiaceae　　别名 镊合猕猴桃

形态

落叶藤本。枝条髓心白色，实心或有时片状。单叶互生；叶片长卵形至椭圆形，3.5~10cm×3~6cm，先端短渐尖或渐尖，基部楔形至截圆形，边缘有细小锯齿；叶柄无毛。雌雄异株；聚伞花序具花2~3朵；花萼通常3枚；花瓣5~9枚，白色；雄蕊多数，花药橙黄色；子房瓶状，花柱长于子房。浆果卵球形或短圆柱形，长2~2.5mm，光滑无毛，无斑点，熟时橘红色，具辣味。花期5月，果期9~10月。较常见。

地理分布

产于全省山区；分布于华东、华中及广东。

特性

生于海拔150~1000m的山沟边、岩石旁或疏林下。喜温暖湿润的气候及深厚肥沃的土壤；稍耐阴，较耐寒，不耐旱；生长快。

园林用途

藤蔓修长，枝叶茂密，部分叶片全叶或半叶呈银白色或淡黄色，花色洁白，果实橘红，具特殊观赏价值。色叶观赏期4~6月。可供公园、庭院岩面覆盖，尤宜作藤廊配置。

繁殖方式

播种、扦插。

附注

根可药用，有散瘀化结之功效，主治消化系统疾病。

相近种

葛枣猕猴桃 *A. polygama*，部分叶片呈白色或淡黄色斑块；萼片、花瓣通常5枚。浙江仅见于临安。

斑色叶

花枝

果枝

葛枣猕猴桃

斑色叶

斑色叶

173 叶底红

| 学名 | *Bredia fordii* (Hance) Diels | 科名 | 野牡丹科 Melastomataceae | 别名 | 叶下红 |

形态

常绿亚灌木，高20~50cm。茎幼时四棱形，上部与叶柄、花序轴、花梗及花萼均密被柔毛及长腺毛。单叶对生；叶片厚纸质，心形、卵状心形或椭圆状心形，4.5~10cm×3~5.5cm，先端短渐尖，基部圆形至心形，边缘具细锯齿及缘毛和短柔毛，基出脉7~9条，背面紫红色。伞形花序或聚伞花序顶生；花紫色或紫红色。蒴果杯状。花期6~8月，果期8~10月。野外偶见。

地理分布

产于苍南、平阳；分布于华东、华南及贵州。

特性

生于海拔100~1350m的山谷林下。喜阴湿环境及深厚肥沃的酸性土壤；不耐旱，不耐寒；生长较慢。

园林用途

株形小巧，花朵优美；叶背终年呈艳丽的紫红色，观赏期全年。可供公园、庭院岩石旁点缀或花境配置，也适于室内盆栽观赏。

繁殖方式

播种、扦插。

附注

全株供药用，有止痛、止血、祛瘀等功效。

双色叶

植株

花枝

窄斑叶珊瑚

学名 *Aucuba albopunctifolia* F. T. Wang var. *angustula* W. P. Fang et T. P. Soong

科名 山茱萸科Cornaceae

形态

常绿灌木，高1~2m。幼枝绿色，老枝黑褐色。单叶对生；叶片厚纸质，多为窄披针形或窄倒披针形，6~18.5cm×1.5~3cm，先端急尖至长渐尖，边缘具粗锯齿，上面深绿色，具白色或淡黄色斑点或斑块。雌雄异株；雄花序为短总状圆锥花序，长4~5cm，花瓣深紫色；雌花序长2~3cm。果卵状长圆形，熟时红色。花期3~4月，果期翌年1~4月。野外少见。

地理分布

产于龙泉、庆元、景宁、文成、泰顺；分布于湖南、四川。

特性

生于低山的沟谷阔叶林下。阴性树种，喜湿润、排水良好、肥沃的土壤。极耐阴，夏季怕强光暴晒。

园林用途

深绿色叶片常有不规则白色至淡黄色斑点或斑块，殊为特异，观赏期全年。适作林下或林缘配置的花灌木，也可作彩篱或盆栽观赏。

繁殖方式

播种、扦插。

斑色叶

斑色叶

果枝

175 红凉伞

学名 *Ardisia crenata* Sims var. *bicolor* (Walk.) C. Y. Wu et C. Chen　　**科名** 紫金牛科Myrsinaceae

形态

常绿灌木，高0.4~2m。全体无毛。单叶互生，常集生枝顶；叶片椭圆形、椭圆状披针形至倒披针形，6~14cm×2~4cm，先端渐尖或急尖，基部楔形，边缘皱波状，具圆齿，齿缝间有黑色腺点，两面具点状突起的腺体，侧脉12~18对，连成不规则的边脉；叶片下面、花梗及花萼均呈紫红色。伞形或聚伞花序。果球形，鲜红色。花期6~7月，果期10~12月。野外较常见。

地理分布

产于全省山区、半山区，以东部沿海地区较常见；分布于华东、华南、西南。

特性

生于山谷阔叶林下或丘陵荫蔽湿润灌木丛中，多分布于阴湿沟谷两侧富含有机质的肥土中。喜温暖湿润、散射光充足、排水良好的酸性土壤环境，夏季不耐高温强光，冬季畏寒怕冷，忌燥热干旱；生长较慢。

园林用途

叶背面常年呈现紫红色，偶有叶片两面均呈紫红色者，秋季红果艳丽，经久不落，整个植株呈红、绿、紫三色，十分艳丽、喜庆、和谐、吉祥。适用于林下配植、庭院丛植或盆栽观赏。

繁殖方式

播种、扦插。

附注

根、叶入药，有祛风除湿、散瘀止痛、通经活络之效；果可食用，亦可榨油，供制肥皂。

双色叶　　　　　　　　　　　　　　　　　　　　　叶枝

双色叶

双色叶

双色叶

176 莲座紫金牛

学名 *Ardisia primulaefolia* Gardn. et Champ.　**科名** 紫金牛科Myrsinaceae　**别名** 落地紫金牛

形态

常绿矮小亚灌木。茎短或几无，通常被锈色长柔毛。单叶互生；基生呈莲座状，膜质，椭圆形或长圆状倒卵形，5~12cm×2~5cm，两面有时紫红色，均被卷曲具节的紫红色长柔毛。聚伞花序或亚伞形花序，常单生，从莲座中叶腋抽出1或2条，总梗长3~5.5cm，花瓣粉红色。核果球形，直径4~6mm，鲜红色，散生腺点。花期6~7月，果期11~12月。野外偶见。

地理分布

产于平阳、泰顺；分布于华东、华南及云南；越南也有。

特性

生于海拔150~300m的山坡、山谷阔叶林下或溪边潮湿岩石上。喜温暖湿润、散射光充足、排水良好的酸性土壤环境，夏季不耐强光，冬季畏寒怕冷，忌干燥；生长极慢。

园林用途

植株矮小，叶片常被紫红色长柔毛，在光照下分外迷人，加之果实红艳，雅致可人，经久不凋，极好的盆栽植物，观赏期全年。适作阴湿林下地被配置及流水假山点缀，更是室内盆栽的优良材料。

繁殖方式

播种、组培。

附注

全株入药，有清热利湿、活血止血、去腐生肌等功效。浙江省重点保护野生植物，资源稀少，需注意保护野生资源。

果序　　常色叶

常色叶

常色叶

堇叶紫金牛

177

学名 *Ardisia violacea* (Suzuki) W. Z. Fang et K. Yao　　**科名** 紫金牛科Myrsinaceae　　**别名** 裹堇紫金牛

形态

常绿亚灌木，高3~12cm。茎被微柔毛，下部匍匐。单叶互生，常集生而略呈莲座状；叶片狭卵状椭圆形或狭长卵形，3~6cm×1~2.5cm，先端渐尖或钝，基部钝圆或微心形，边缘具不规则浅波状圆齿，齿缝间突起腺体，上面暗绿或暗紫色，具深色脉纹，下面淡紫色，脉纹深紫色，两面有稀疏腺点。侧脉4~6对，在近中部分叉并相互联结；叶柄短，被微柔毛。伞形花序单生于茎上部叶腋，具花2~3朵；花冠白色。核果球形，直径4~8mm，鲜红色，有光泽。花期6~7月，果期10~12月（可延自翌年3月不落）。野外偶见。

地理分布

产于西湖、建德、淳安、象山、宁海、定海、缙云等地；分布于台湾。

特性

生于海拔300m以下的低山丘陵毛竹林、常绿阔叶林下或山脊林缘防火线上。喜温暖湿润的气候和排水良好、富含腐殖质的酸性土壤；较耐阴，稍耐干旱，不甚耐寒；生长缓慢。

园林用途

植株小巧，形态可爱；老叶两面颜色迥异，脉纹色彩较深，呈现特殊的花叶类型，新叶两面则常呈紫色，脉纹深色，果实红艳，果期绵长，清新雅致，十分耐看，观赏期全年。宜作阴湿处地被或供阴湿岩景点缀，最适作小型盆栽。

繁殖方式

播种、扦插、分株、组培。

附注

全株入药，有清热利湿、活血止血、去腐生肌等功效。浙江省重点保护野生植物，资源极稀少，需注意保护野生资源。

斑色叶

果序

斑色叶

园林应用（盆栽）

178 芙蓉菊

学名 *Crossostephium chinense* (A. Gray ex Linn.) Makino

科名 菊科Compositae　别名 蕲艾

形态

常绿亚灌木，高达0.5m。多分枝，枝、叶揉碎有香气；小枝、叶片密被银灰色短柔毛。单叶互生；叶片质地较厚，常聚生于枝顶；叶片狭匙形或狭倒披针形，2~4cm×0.4~0.5cm，先端钝，基部渐狭，全缘或3~5裂。头状花序生于枝端叶腋并排成具叶的总状花序，花黄色。花果期几全年。沿海岛屿较常见。

地理分布

产于宁波、舟山、台州、温州的沿海岛屿，在外海岛屿基岩海岸的悬崖陡壁上常形成群落；分布于我国东南沿海岛屿及大陆海岸带；日本也有。

特性

多见于沿海地区外岛的岩质海岸潮上带的岩缝中。喜温暖湿润的海洋性气候；喜光，耐干旱瘠薄，耐海雾，抗风性强，稍耐盐，耐寒性较差；萌蘖性强，耐修剪；生长较慢。

园林用途

全体呈银白色，银装素裹，四季可赏，且具香气，是一风格独特的观叶植物。适作地被、花坛图案、花境或盆栽观赏，也是制作盆景的良材。

繁殖方式

播种、扦插、分株。

附注

全株民间作药用，可治小儿惊风、麻痘作痒；叶可代茶。

常色叶

群落

生境

179 波叶红果树

学名 *Stranvaesia davidiana* Decne. var. *undulata* (Decne.) Rehd. et Wils.　　科名 蔷薇科Rosaceae　　别名 女儿红

形态

常绿灌木，直立、斜升或匍匐，高可达2m。枝密集，小枝圆柱形，当年生枝紫褐色。单叶互生；叶片薄革质，椭圆状长圆形至长圆状披针形，3~8cm×1.5~2.5cm，先端钝，有突尖头，基部圆形或宽楔形，全缘，微波皱，有缘毛，两面沿中脉被柔毛，中脉在上面下凹，侧脉明显。复伞房花序密生多花；总花梗和花梗近无毛；花白色，花药紫红色。梨果近球形，橘红色，径6~7mm。花期5~6月，果期10~12月。野外少见。

地理分布

产于丽水、衢州及淳安、泰顺；分布于华东、华中、西南及广西、陕西。

特性

生于海拔1300~1900m的山坡林缘、山顶灌丛中。喜温凉湿润的气候，对土壤要求不严，适宜微酸性土壤；喜光，耐寒，耐旱，耐瘠薄，抗污染能力强；萌蘖性极强，耐修剪；生长较慢。

园林用途

树姿美丽，枝繁叶茂，秋季红果累累，常年可见零星红叶。适作花境、观果灌木或盆栽观赏。

繁殖方式

播种、扦插、压条。

零星色叶

零星色叶

零星色叶

180 中华杜英

学名 *Elaeocarpus chinensis* (Gardn. et Chanp.) Hook. f. ex Benth.　科名 杜英科 Elaeocarpaceae　别名 华杜英

形态

常绿小乔木，高可达7m。单叶互生；叶片薄革质，卵状披针形，5~8cm×2~3cm，先端渐尖，基部圆形，上面绿色有光泽，边缘具波状小钝齿；叶柄纤细，长1.5~2cm，顶端膨大。总状花序侧生于二年生枝上，长3~4cm；花杂性，两性花兼具雄花；花瓣5枚，长圆形，不分裂，黄白色。核果椭圆形，长8~10mm，熟时蓝黑色。花期5~6月，果期8~10月。野外较常见。

地理分布

产于全省山区；分布于华东、华南、西南；老挝及越南北部也有。

特性

生长于海拔350~850m的常绿林中。喜温暖湿润的气候及深厚肥沃的土壤，适应性较强，较耐阴和干旱，不耐寒，不耐高温和强光；生长速度中等。

园林用途

树冠端整，枝叶茂密，终年有艳丽的零星红叶，殊为美观。适作行道树、片林、林带及园林景观树配置，不宜在全光照环境孤植。

繁殖方式

播种。

附注

木段可培养白木耳；树皮含鞣质，可提制栲胶。

零星色叶

果枝

零星色叶

181 秃瓣杜英

学名 *Elaeocarpus glabripetalus* Merr.　　　科名 杜英科 Elaeocarpaceae

形态

常绿乔木，高达12m。嫩枝有棱，红褐色，无毛。单叶互生；叶片纸质，倒披针形，7~13cm×2~4.5cm，先端短渐尖，基部楔形，边缘有浅锯齿，两面无毛，侧脉7~10对；叶柄长约0.5cm。全年有零星红叶。总状花序腋生，长4~5cm；花小，乳白色，花瓣先端撕裂至中部呈流苏状，裂片14~18条；雄蕊20~30枚，花药顶端有簇毛；除正常花外，本种还常开一种无瓣不育花，其花序呈圆锥状，细弱。核果小，椭圆形，两端尖，长1.3~1.5cm，径5~8mm。花期6~7月，果期10~11月。野外较常见。

地理分布

产于杭州、宁波、台州、丽水、温州；分布于华东、华中、华南、西南，各地普遍有栽培。

特性

生于海拔900m以下的山坡、沟谷常绿阔叶林中。喜温暖湿润的气候及深厚肥沃的土壤，适应性较强，较耐阴，稍耐寒，不耐高温、干旱和强光；生长快速。

园林用途

树冠端整，枝叶茂密，终年有艳丽的零星红叶，具特殊观赏价值。适作行道树、景观树、片林、林带及园林景观树配置，不宜孤植。

繁殖方式

播种。

附注

材质洁白、坚韧、纹理通直，可作家具、胶合板用材。果实熟时可食。

相近种

杜英 *E. decipiens*，与秃瓣杜英主要区别为小枝常有短毛，叶片较狭长；花药顶端无簇毛；核果较大，长2~3cm。产于宁波、台州、丽水、温州及建德。

零星色叶

花枝

零星色叶

零星色叶

零星色叶

杜英

果枝

果枝

零星色叶

182 薯豆

学名 *Elaeocarpus japonicus* Sieb. et Zucc. 科名 杜英科 Elaeocarpaceae 别名 日本杜英

形态

常绿乔木，高达12m。芽有发亮绢毛。单叶互生；叶片革质，卵形、长圆形或椭圆形，6~12cm×3~6cm，先端渐尖，基部近圆形，边缘有疏浅锯齿，背面有多数细小黑色腺点；叶柄长2~6cm，顶端膨大。总状花序长3~6cm，生于当年生枝的叶腋；花杂性；花瓣长圆形，两面有毛，先端全缘或有数个浅齿；雄蕊15枚，花药有微毛，顶端无附属物。核果椭圆形，长1~1.5cm，熟时蓝绿色。花期5~6月，果期9~10月。野外较常见。

地理分布

产于全省山区；分布于长江以南各地；越南、日本也有。

特性

生于海拔300~1000m的山谷、山坡或溪沟两侧的常绿林中。喜温暖湿润的气候及深厚肥沃的土壤；适应性较强，较耐阴，稍耐寒；生长较快。

园林用途

树冠端整，枝繁叶茂，终年有艳丽的零星红叶，异常醒目。适作行道树、园林景观树。

繁殖方式

播种。

附注

木材可制家具，又是种植香菇的良材。

零星色叶

零星色叶

零星色叶

树参

183

| 学名 | *Dendropanax dentiger* (Harms) Merr. | 科名 | 五加科Araliaceae | 别名 | 木荷枫、半枫荷 |

形态

常绿小乔木，高可达10m。单叶互生；叶片厚革质，叶形多变，不分裂或2~7掌状分裂；不裂叶椭圆形、卵状椭圆形至椭圆状披针形，6~11cm×1.5~6.5cm，基出三脉明显；分裂叶倒三角形，裂片全缘或近先端疏生齿突；叶柄长0.5~5cm。伞形花序顶生；花淡绿色。果长圆形，具5棱，每棱有纵脊3条，熟时紫黑色。花期8~10月，果期10~12月。野外较常见。

零星色叶

地理分布

产于全省山区、半山区；分布于华东、华中、华南、西南；东南亚也有。

特性

散生于海拔1400m以下的沟谷、山坡阔叶混交林中或林缘。中性偏阴树种，对气候、土壤要求不严；喜湿润温凉环境；萌蘗力、抗火性较强；生长较快。

园林用途

叶色浓绿，叶形奇特，常有紫红或紫黑色的老叶点缀其中，观赏期通常在7~12月。适用于风景区、公园、庭院美化。

繁殖方式

播种、扦插。

附注

根、枝、叶药用；嫩茎叶可作蔬菜，庆元等地有栽培。

枝叶

零星色叶

川榛

学名 *Corylus heterophylla* Fisch. ex Trautv. var. *sutchuenensis* Franch.　**科名** 桦木科 Betulaceae　**别名** 黔榛

形态

落叶灌木，高达20m。小枝皮孔明显，具稀疏柔毛和腺毛。单叶互生；叶片椭圆形、卵形、宽卵形或近圆形，8~15cm×6.5~10cm，先端急尖或短尾尖，基部心形，边缘有不规则尖锐重锯齿，侧脉3~7对，网脉明显；叶柄长1~3cm，偶被短柔毛。雄花序通常2~3枚着生于近枝顶。果单生或2~5枚簇生，外有钟状果苞；坚果近球形，具毛，径7~15cm。花期3月，果期9~10月。野外少见。

地理分布

产于杭州、宁波、台州及安吉、磐安、泰顺；分布于华东、西南、西北及河南。

特性

生于海拔800m以上的山地灌丛中。喜温凉湿润气候及深厚肥沃的酸性土壤。喜光；耐寒；萌蘖性强，耐修剪；生长较慢。

园林用途

新叶常呈紫褐色或叶片中部具紫色斑块，观赏期4~5月。适用于修剪造型观赏，也可密植修剪作彩篱。

繁殖方式

播种、扦插、分株。

附注

坚果可食及入药，治食欲不振。

相近种

短柄川榛 *C. heterophylla* **var.** *brevipes*，与川榛区别在于叶柄较短，长仅5~12mm，与小枝均密生腺毛和短柔毛。浙江省产于安吉、临安、余姚、诸暨、临海、磐安。

春色叶

斑色叶

短柄川榛

斑色叶

春色叶

185 阔叶十大功劳

学名 *Mahonia bealei* (Fort.) Carr.　　　　科名 小檗科 Berberidaceae

形态

常绿灌木，高1~2m。树皮黄褐色，全体无毛；枝条断面黄色。一回奇数羽状复叶互生；叶片长25~40cm，小叶7~19枚，厚革质，小叶片卵形，自基部向上渐次增大，4~12cm×2.5~6cm，先端渐尖，基部近圆形或宽楔形，有时浅心形，叶缘具刺状锯齿，边缘反卷，上面蓝绿色，下面黄绿色，侧生小叶无柄，顶生小叶具柄，较宽大。总状花序6~9条簇生于小枝顶端，长5~12cm；花黄色。浆果卵形或卵圆形，径6~10mm，熟时蓝黑色，薄被白粉。花期12月至翌年3月，果期4~6月。野外少见。

地理分布

产于衢州、丽水、温州及淳安、兰溪；分布于华东、华中、华南、西北及贵州。

特性

生于海拔500~1500m的山坡林下。喜温暖湿润的气候及深厚肥沃、排水良好的酸性至中性土壤。耐阴；不耐严寒；不耐盐碱；萌蘖性强，耐修剪；生长较快。

园林用途

枝叶茂密，姿态优雅，叶形奇特，花色鲜艳；春叶由紫红色逐渐变淡并转绿色，偶变暗紫色，少数植株秋冬时节叶片全部呈紫红色或红色，春叶观赏期4~6月，常色叶观赏期10月至翌年2月。适于丛植作地被或绿篱，也可用于岩石园、花境点缀或丛植于林缘，或盆栽观赏。

繁殖方式

播种、扦插。

附注

全株供药用，具清热解毒、利湿泻火之效，根可作强壮剂。

春色叶

果枝

常色叶

常色叶

186 南天竹

学名 *Nandina domestica* Thunb.　　科名 小檗科 Berberidaceae

形态

常绿灌木，高1~3m。茎常丛生而少分枝，光滑无毛；茎皮幼时常呈红色，老后呈灰色。三回奇数羽状复叶互生；叶片长30~50cm，叶轴具关节，小叶片椭圆形，长2~8cm，先端渐尖，基部楔形，全缘，两面无毛，近无柄；总叶柄基部膨大，常呈褐色鞘状抱茎。圆锥花序长20cm以上；花白色。浆果球形，径约5mm，熟时红色或紫红色，有时黄色，顶端具宿存花柱。花期5~7月，果期8~11月。野外较少见。

地理分布

产于全省山区、丘陵，园林中广泛有栽培；分布于华东及湖北、广西、四川、陕西；日本和印度也有。

特性

生于海拔1000m以下的山坡、沟谷灌丛中。喜温暖湿润的气候；中性，对光照要求不严，但喜半阴环境；不择土壤，尤喜钙质土；耐寒，耐旱，较耐瘠薄，萌蘖性强，耐修剪；生长较快。

园林用途

茎干丛生，姿态优雅，白花如雪，叶形似竹，果实艳红且经冬不凋；春叶呈深紫、紫红、淡红、淡黄等色，部分植株全部叶片在秋、冬季呈紫红或红色，春叶观赏期3~6月，经修剪促萌的可延长更久，常色叶观赏期11月至翌年2月。适用于丛植作地被或绿篱，也可用于岩石园、花境点缀或丛植于林缘，也可作盆栽、盆景观赏。

繁殖方式

播种、扦插、分株。

附注

根、茎、叶、果可供药用，具止咳平喘、止血功效；果有毒，不可食用。

春色叶　　花枝　　果枝

常色叶

春色叶

春色叶

春色叶

187 香樟

| 学名 *Cinnamomum camphora*（Linn.）Presl | 科名 樟科 Lauraceae | 别名 樟树 |

形态

常绿大乔木，高达30m。全株有香气；小枝绿色，无毛。单叶互生；叶片卵形或卵状椭圆形，6~12cm×2.5~5.5cm，先端急尖，基部宽楔形至近圆形，边缘呈微波状起伏，上面绿色至黄绿色，有光泽，下面灰绿色，薄被白粉，两面无毛或下面幼时略被微柔毛，离基三出脉，下面脉腋有明显腺窝。圆锥花序生于当年生枝叶腋；花小，有芳香。果近球形，直径6~8mm，熟时紫黑色。花期4~5月，果期8~11月。野外极常见。

地理分布

产于全省各地，普遍有栽培；分布于长江流域以南各地；越南、朝鲜、日本也有。

特性

喜温暖湿润的气候；对土壤要求不严，尤喜深厚肥沃湿润的酸性至中性土壤；幼年较耐阴，成年喜光；较耐水湿，但忌水涝，不耐干旱、瘠薄和重盐碱土；耐寒性不强；深根性，主根发达，抗风力较强；具较强的抗烟尘及有毒、有害气体能力；萌蘖性较强；生长较快，寿命可达千年。

园林用途

树冠宽广，枝叶茂密；春季新叶常呈紫红、鲜红、淡红、金黄、嫩黄等多种色彩，十分艳丽，春秋两季常呈现醒目的零星红叶，春叶观赏期3~5月，零星色叶观赏期3~4月及9~10月。适于孤植、群植为四旁树、景观树、风水树，也可成片营造风景林、背景林，还可列植为行道树。

繁殖方式

播种、扦插、嫁接。

附注

木材纹理色泽美观而致密，易加工，具芳香，抗虫蛀，耐水湿，干后不裂不翘，为优良珍贵用材；全株可提取樟脑、樟油，供医药、化工、防腐杀虫等用；种子可榨油，供制肥皂、润滑油。为浙江省省树，国家II级重点保护野生植物。

春色叶

春色叶

春色叶

春色叶

春色叶

春色叶

零星色叶

零星色叶

188 石楠

学名 *Photinia serratifolia* (Desf.) Kalkman　科名 蔷薇科Rosaceae　别名 岩将军

形态

常绿乔木或呈灌木状，高可达12m。单叶互生；叶片革质，长椭圆形、长倒卵形或倒卵状椭圆形，9~22cm×3~6.5cm，先端短尾尖，基部圆形或宽楔形，边缘有具腺细锯齿，近基部全缘，幼苗或萌芽枝叶片锯齿呈尖刺状，老叶两面无毛，上面有光泽，侧脉25~30对；叶柄粗壮，长2~4cm。大型复伞房花序顶生；花小，密集，白色。梨果小，近球形，红色，径5~6mm。花期4~5月，果期10~11月。野外常见。

地理分布

产于全省各地；分布于华东、华中、华南、西南、西北，各地普遍栽培。

特性

生于海拔1200m以下的山坡、沟谷、溪边阔叶林中或林缘。喜温暖湿润的气候及深厚肥沃的土壤，适应性强，喜光，亦能耐阴，较耐寒、耐旱、耐瘠；萌蘖性强，耐修剪；生长速度中等。

园林用途

树冠浑圆端整，枝叶浓密，繁花如雪，红果满树，极具观赏价值；春叶呈淡红、黄绿、橙红、紫红至鲜红等色，冬、春季节常有鲜红、紫褐等色的零星色叶，春色叶观赏期3~6月，零星色叶观赏期通常为2~4月。适作行道树、景观树、片林、林带等配置，也可矮化密植作彩篱。

繁殖方式

播种、扦插。

附注

材质坚硬致密，可作工艺及器具用材；叶、根可药用，具强壮、利尿、镇静、解热等功效；可作生物农药，用于防治蚜虫等；也可作枇杷的嫁接砧木。

春色叶

春色叶

春色叶

春色叶

春色叶

春色叶

春色叶

零星色叶

零星色叶

零星色叶

零星色叶

189 光叶石楠

学名 *Photinia glabra* (Thunb.) Maxim.　科名 蔷薇科Rosaceae　别名 扇骨木

形态

常绿灌木或小乔木，高达5m。枝、叶、花序均无毛。老枝灰黑色，散生棕褐色皮孔。单叶互生；叶片革质，椭圆形、长圆形或长圆状倒卵形，5~9cm×2~4cm，先端渐尖，基部楔形，边缘疏生浅钝细锯齿，两面无毛，侧脉10~18对；叶柄长1~1.5cm，具1至数个腺齿。复伞房花序顶生，径达10cm，花多数，白色。梨果卵形，长约5mm，熟时红色或橙黄色。花期3~4月，果期10~12月。野外极常见。

地理分布

产于全省山区、半山区；分布于华东、华中、华南、西南；南亚及日本也有。

特性

生于海拔1200m以下的山坡、沟谷林下或灌丛中。喜温暖湿润的气候；对土壤适应性较强；喜光，幼树稍耐阴，耐干旱瘠薄，抗风性强；萌芽力较强，耐修剪；生长中速。

园林用途

枝叶密集，叶色浓绿光亮，果期红果累累，挂满树冠，观赏效果极佳；新叶呈紫红、淡紫、黄绿等色，春季常有零星红叶点缀于绿叶间。春叶观赏期3~5月，零星红叶观赏期3~4月。适作园景树、彩篱、色叶地被等配置。

繁殖方式

播种、扦插。

附注

叶可入药，能祛风止痛、补肾强筋；种子榨油，供工业用；木材可作器具等。

春色叶

春色叶

春色叶

春色叶

零星色叶

零星色叶

零星色叶

零星色叶

190 泰顺石楠

学名 *Photinia taishunensis* G. H. Xia, L. H. Lou et S. H. Jin　科名 蔷薇科Rosaceae

形态

常绿灌木。小枝细弱，拱垂、斜升或匍匐，疏生柔毛。单叶互生；叶片革质，倒披针形或长椭圆形，2~5cm×0.2~1.5cm，先端急尖、圆钝或微凹，常具小尖头，基部渐狭成楔形，边缘具内弯的细锯齿，上面深绿色，下面淡绿色，两面无毛，中脉在上面凹下，下面隆起，侧脉9~13对；叶柄长5~8mm，幼时有毛。复伞房花序顶生，径3~6cm；花白色，花柱2或3。果近球形或卵球形，红色，径3~5mm。花期5~6月，果期11~12月。野外偶见。

地理分布

产于泰顺；分布于新疆。

特性

生于海拔100~250m的沟谷、溪边岩缝中。喜温暖湿润的气候和疏松肥沃的酸性土壤；稍喜光，耐阴，不耐寒，较耐旱，也能耐瘠薄；萌蘖性强，耐修剪；生长中速。

园林用途

株型紧凑，枝叶繁茂，四季常绿，花白果红；新叶常呈紫红色，零星红叶主要出现在春季，春叶观赏期3~6月，零星色叶观赏期主要为3~5月。适作盆景、盆栽观赏，也可作岩景、溪岸美化，更是理想的地被植物。

繁殖方式

播种、扦插、压条。

春色叶

零星色叶

果枝

191

厚叶石斑木

学名 *Rhaphiolepis umbellata* (Thunb.) Makino 　　科名 蔷薇科Rosaceae

形态

常绿灌木，高1~4m。小枝粗壮；枝、叶被脱落性褐色柔毛。单叶互生，常簇生于枝顶；叶片厚革质，长椭圆形、卵形或倒卵形，4~7cm×2~3cm，先端圆钝，稍锐尖或微凹，基部楔形至近圆形，全缘或先端疏生钝锯齿，边缘稍反卷，上面深绿色，具光泽，下面淡绿色，细脉清晰；叶柄长5~18mm。圆锥花序顶生，直立，密被褐色柔毛；花白色。果球形，径达1cm，熟时由紫红转深蓝、蓝紫、蓝黑、紫黑色。花期4~5月，果期9~11月。沿海地区较常见。

地理分布

产于嘉兴、舟山、宁波、台州、温州的沿海地区；分布于上海；日本也有。

特性

生于大陆海岸、岛屿的濒海山坡林中、林缘、灌草丛及陡崖石缝中。喜温暖湿润的海洋性气候；对土壤要求不严；喜光，亦能耐阴，不耐严寒，耐干旱瘠薄；抗风、抗火性能较强；萌蘖力强，极耐修剪；生长较缓慢。

园林用途

枝叶浓密，叶色光亮，花白果蓝，具较高的观赏价值；新叶呈血红、紫红、棕红、黄绿或灰白色，常年有零星红叶；春叶观赏期3~4月，零星红叶观赏期以3~6月为佳。适用于彩篱、花灌木、色叶地被、造型或花境，也可作切花或盆景材料，更是滨海、岛屿困难地营建水土保持林、防风固沙林、风景林及生物防火林的优良树种。

繁殖方式

播种、扦插、分株。

附注

滨海地区特有种。

相近种

石斑木 ***Rh. indica***，叶片薄革质，边缘具细钝锯齿。全省山区、半山区常见。

春色叶

春色叶

春色叶

零星色叶

石斑木

零星色叶

春色叶

春色叶

192 锈毛莓

学名 *Rubus reflexus* Ker   科名 蔷薇科Rosaceae

形态

常绿蔓性灌木。茎、叶柄、叶背密被锈色绒毛，疏生小皮刺。单叶互生；叶片厚纸质，心状长圆形或近圆形，7~15cm×5~12cm，通常5中裂，中裂片明显较大，卵形或长圆形，上面绿色，下面锈色，掌状脉，网脉明显；叶柄长2.5~7cm，被绒毛；托叶篦齿状或不规则掌状分裂。短总状花序腋生，花白色。聚合果近球形，红色，径1~2cm。花期6~7月，果期11~12月。野外常见。

地理分布

产于宁波、金华、衢州、台州、丽水、温州；分布于长江流域以南各省。

特性

生于海拔600m以下的山坡、山谷灌丛或疏林中。喜温暖湿润的气候和疏松肥沃的酸性土壤；喜光，稍耐阴；耐干旱瘠薄；萌蘖性强，耐修剪。

园林用途

新叶常具不规则色斑，以深紫、砖红、红褐为主，随着叶片生长色斑逐渐淡化，观赏期4~7月；叶片下面锈色，两面色差较大。适作石景点缀及林下、坡地地被。

繁殖方式

扦插、播种、压条、分株。

附注

味酸甜，可鲜食或酿酒等；根可入药，具祛风湿、强筋骨之功效。

相近种

东南悬钩子 *R. tsangorus*，植株不具皮刺，叶薄纸质，近圆形或宽卵形，边缘3~5裂，顶生裂片比侧生裂片稍大或近相等，宽三角状卵形。全省山区常见。

斑色叶

双色叶

东南悬钩子

斑色叶

193 刺叶桂樱

学名 *Laurocerasus spinulosa* (Sieb. et Zucc.) Schneid. 科名 蔷薇科Rosaceae 别名 橉木、刺叶稠李、常绿樱

形态

常绿乔木，高达16m。小枝紫褐色，具明显皮孔。单叶互生；叶片薄革质，长圆形或倒卵状长圆形，5~10cm×2~4.5cm，先端渐尖至尾尖，基部宽楔形至近圆形，边缘常呈波状，中部以上具少数刺状锯齿，幼苗或萌芽枝上者齿刺更显著，两面无毛，上面亮绿色，近基部常具1~2对腺体，侧脉8~14对，稍明显；叶柄长5~10mm；托叶条状披针形，早落。腋生总状花序，长5~10cm，花多数；花小，白色。核果椭圆形，长8~11mm，黑褐色。花期10~11月，果期12月至翌年4月。野外较常见。

地理分布

产于全省山区；分布于华东、华中、华南、西南；日本、菲律宾也有。

特性

生于海拔1000m以下的山坡、沟谷阔叶林中或林缘。喜温暖湿润的气候，对土壤适应性强；喜光，较耐干旱瘠薄，抗风；萌蘖性中等，较耐修剪；生长中速。

园林用途

树干通直，枝叶茂密，秋冬季开花，繁花满树，如雪覆盖，极具观赏价值；新叶橙红或紫红色，冬春常有艳丽的零星红叶，春色叶观赏期3~4月，零星色叶观赏期10月至翌年2月。适作园景树、行道树或切花。

繁殖方式

播种、扦插。

春色叶

零星色叶

花枝

194 野漆树

学名 *Toxicodendron succedaneum* (Linn.) O. Kuntze　　**科名** 漆树科Anacardiaceae　　**别名** 野漆

形态

落叶乔木，高可达12m。小枝粗壮，无毛。奇数羽状复叶互生，常集生于枝顶；小叶5~15枚，近对生，长圆状椭圆形至卵状披针形，3~16cm×1~5.5cm，先端渐尖或长渐尖，基部圆形或阔楔形，偏斜，全缘，叶背常具白粉。雌雄异株；圆锥花序腋生，多分枝；花小，黄绿色。核果斜菱状球形，淡黄色。花期5~6月，果期8~10月。野外常见。

地理分布

产于全省山区、半山区；分布于除东北及内蒙古、新疆外的全国各地；中南半岛、印度、朝鲜、日本也有。

特性

生于海拔1200m以下的向阳山坡林中或林缘。性强健，对气候、土壤要求不严；喜光，耐寒，耐瘠薄，耐干旱，忌水湿；深根性树种，抗风性强；萌蘖力较强；生长较快。

园林用途

树干通直，枝叶扶疏，入秋经霜后叶片嫣红可爱，在常绿林中呈现出"万绿丛中一点红"之意境，是野外十分抢眼的秋色叶树种；夏季在绿叶中常有部分复叶或小叶呈现艳丽的红色，秋叶呈鲜红、紫红、橙红、玫红、橘黄等色，零星色叶观赏期6~9月，秋色叶观赏期10~12月。宜作园景树、森林公园色彩点缀树，但本种易使部分人群发生皮肤过敏，故在应用时须注意种植于游人不易到达或碰触之场所。

繁殖方式

播种、扦插。

附注

叶、茎皮含鞣质，可提取栲胶；果皮含蜡质，可制蜡烛；种子油可制肥皂；根、叶和果供药用，具清热解毒、散瘀生肌、止血、杀虫功效，但易使人过敏，须慎用。

秋色叶

秋色叶

秋色叶

秋色叶

秋色叶

零星色叶

秋色叶

195 猴欢喜

学名 *Sloanea sinensis* (Hance) Hemsl.　　科名 杜英科 Elaeocarpaceae

形态

常绿乔木。单叶互生；叶片薄革质，形状及大小多变，通常为长圆形或狭倒卵形，6~9cm×3~5cm，先端短急尖，基部楔形，通常全缘，有时上部有数个疏锯齿，侧脉5~7对；叶柄长1~4cm，无毛，两端略膨大。花多朵簇生于枝顶叶腋；花瓣4枚，长7~9mm，白色，先端撕裂，有齿刻。蒴果密被针刺，3~7片裂开，内果皮紫红色；种子黑色，有光泽。花期8~11月，果期翌年9~11月。野外较常见。

地理分布

产于台州、金华、衢州、丽水、温州及宁海；分布于华东、华中、华南及贵州；越南也有。

特性

生于海拔800m以下的山坡、沟谷、溪边常绿阔叶林中。喜温暖湿润的气候及深厚肥沃的土壤；适应性强，喜光，亦能耐阴，不耐寒，耐旱，耐瘠；萌蘖性强，耐修剪；生长速度中等。

园林用途

树形端整，冠大荫浓，果实奇特艳丽，优良的园林观赏树种；春叶呈紫红色，冬季常有艳丽的零星红叶；春色叶观赏期3~5月，零星色叶观赏期11月至翌年2月。适用于行道树、庭荫树、景观树，也可作片林、林带等配置。

繁殖方式

播种、扦插。

附注

木材可供板料、器具等用；树皮、果壳可提制栲胶。

春色叶

零星色叶

春色叶

春色叶

果枝

196 小叶猕猴桃

学名 *Actinidia lanceolata* Dunn　　**科名** 猕猴桃科 Actinidiaceae　　**别名** 绳梨

形态

落叶藤本。小枝及叶柄密被锈褐色短绒毛，老枝紫褐色，无毛；髓褐色，片层状。单叶互生；叶片纸质，卵状椭圆形至椭圆披针形，4~7cm×2~3cm，顶端短尖至渐尖，基部钝形至圆钝，边缘上部有小锯齿，背面粉绿色，密被短小且致密的灰白色星状毛。聚伞花序二回分歧，密被锈褐色毛；花小，淡绿色。果小，卵圆形，长5~10mm，无毛，具显著斑点。花期5~6月，果期10~11月。野外常见。

地理分布

产于全省山区、半山区；分布于华东及湖南、广东。

特性

生于海拔1200m以下的山坡、沟谷灌丛中、疏林下或林缘。喜温暖湿润的气候及深厚肥沃的土壤；喜光，稍耐阴，较耐寒，不耐旱；萌蘖性较强，耐修剪；生长较快。

园林用途

藤蔓修长，枝叶茂密；春色叶紫红、橙红或黄绿色，夏秋季部分叶片常有白色宽条状斑块，呈紫白相间或绿白相间，甚为可爱，春色叶观赏期3~4月，斑色叶观赏期4~10月。可供公园、庭院岩面美化，或作藤廊配置。

繁殖方式

扦插、播种。

附注

果可鲜食，亦可用于泡酒。

春色叶　　果枝

斑色叶

斑色叶

197 滨柃

学名 *Eurya emarginata* (Thunb.) Makino　　**科名** 山茶科 Theaceae　　**别名** 海瓜子

形态

常绿灌木，高1~2m。嫩枝具2棱，粗壮，红棕色，密被黄褐色短柔毛。单叶互生；叶片厚革质，倒卵形或倒卵状披针形，2~3cm×1.2~1.8cm，顶端圆钝而有微凹，基部楔形，边缘反卷，有细锯齿，齿尖黑色，上面有光泽，侧脉约5对，下陷。雌雄异株；花1~2朵生于叶腋；花瓣5枚，白色；雄蕊约20枚，花药具分隔。果实圆球形，成熟时由紫红转蓝黑色。花期11~12月，果期翌年9~12月。沿海地区常见，但变异个体偶见。

地理分布

产于全省沿海地区；分布于福建、台湾的沿海地区；朝鲜、日本也有。

特性

生于滨海山坡灌丛中及海岸岩缝中。喜温暖湿润的海洋性气候；对土壤要求不严，耐干旱瘠薄，抗海雾、台风能力较强；萌蘖性强，耐修剪；生长较慢。

园林用途

株形紧凑，枝叶茂密，叶色光亮；春叶呈紫红或紫黑色，个别植株全体或枝条的叶片终年呈深紫或紫黑色，春色叶观赏期5~6月，变异常色叶观赏期全年。宜作花坛、花境、色叶地被、彩篱，也可作盆栽、盆景观赏。

繁殖方式

扦插、播种。

附注

对紫叶变异的枝条进行扩繁，可培育新品种。

春色叶

常色叶

春色叶

常色叶

198 日本厚皮香

学名 *Ternstroemia japonica* Thunb.　　科名 山茶科 Theaceae

形态

常绿灌木或小乔木。全体无毛；嫩枝淡红褐色。单叶互生；叶片革质，常聚生于枝端，椭圆形、倒卵状椭圆形或倒卵状披针形，5~7cm×2.2~3cm，先端钝圆或钝尖，基部楔形，全缘，上面深绿色，有光泽，侧脉不明显；叶柄带紫红色。花单生于新枝中下部，乳黄或乳白色，直径1~1.5cm，花梗下弯。果卵球形，长10~12cm，成熟时红色，果梗长1.5~2.2cm。花期6~7月，果期9~11月。野外偶见。

地理分布

产于宁波（象山）、舟山（普陀）；分布于台湾；日本也有。

特性

生于滨海基岩海岸岩隙中或山坡灌丛中。喜温暖湿润的海洋性气候；喜光，也耐半阴；能耐-10℃低温；耐旱能力强；在酸性、中性及微碱性土壤中均能生长；根系发达，抗风力强；耐空气污染，并能吸收SO_2等有毒气体；萌蘖性较强，耐修剪；生长中速。

园林用途

枝叶茂密，树冠浑圆，叶质厚而富于光泽；终年有艳丽的零星红叶，春季新叶呈紫红、橙红或紫褐色，春色叶观赏期4~6月。宜作彩篱、造型、花境应用，也可盆栽观赏。

繁殖方式

扦插、播种。

附注

花及果实可药用，具清热解毒功效；全株有毒，不可内服。

相近种

厚皮香 *T. gymnanthera*，果圆球形，果梗长0.7~1.4cm；叶片先端急尖或短渐尖；产于钱塘江以南各地。

春色叶

春色叶

春色叶

零星色叶

厚皮香

零星色叶

春色叶

春色叶

199 泰顺杜鹃

学名 *Rhododendron taishunense* B. Y. Ding et Y. Y. Fang　科名 杜鹃花科 Ericaceae

形态

常绿灌木或小乔木，高2~5m。小枝上部有刺毛。单叶互生；叶片革质，4~5枚集生于枝顶呈轮生状，椭圆状长圆形或长圆状披针形，3.5~9cm×1.2~3.2cm，先端渐尖或尾状渐尖，基部心形，边缘反卷，有刺芒状锯齿或刺毛，下面中脉有刺毛；叶柄密被刺毛。花单生；花冠淡紫色，狭漏斗状，长3~4cm。蒴果圆柱形。花期（12）2~4月，果期9~11月。野外偶见。

地理分布

特产于泰顺。

特性

生于海拔400~600m的山坡、沟谷常绿阔叶林中。喜温暖湿润的气候和疏松肥沃的酸性土壤；较喜光，亦耐半阴；耐旱，稍耐瘠薄；萌蘖性较强，耐修剪；生长较慢。

园林用途

树形优美，花期早，花色艳，新叶在枝顶集生呈轮状，紫红色，状若花朵，夏季常出现艳丽的零星红叶；新叶观赏期4~5月，零星色叶观赏期6~8月。适作花灌木或花境材料，或矮化密植作彩篱，也可作切花或盆栽观赏。

繁殖方式

扦插、播种、嫁接。

附注

本种有时在12月开第二次花，是珍贵的杜鹃花育种材料，浙江省重点保护野生植物，需注意珍稀野生资源。

零星色叶

春色叶

零星色叶

200 菝葜

学名 *Smilax china* Linn.　科名 百合科Liliaceae　别名 金刚刺

形态

落叶攀援藤本或灌木状。茎被疏刺。单叶互生；叶片厚纸质至薄革质，近圆形、卵形或椭圆形，3~10cm×1.5~8cm，萌枝上之叶更大，先端凸尖至聚尖，下面淡绿或苍白色，具3~5（7）条主脉；叶柄长7~25mm，具卷须，翅状托叶鞘条状披针形或披针形，狭于叶柄，脱落点位于卷须着生处。伞形花序生于叶尚幼嫩的小枝上；花黄绿色。浆果球形，熟时红色。花期4~6月，果期9~12月。野外极常见。

地理分布

产于全省各地；分布于华东、华中、华南、西南；东南亚及日本、菲律宾也有。

特性

生于海拔1900m以下山区、丘陵、海岛等各种环境，多见于山坡、山脊、山顶、沟谷林缘、灌丛或灌草丛中。生性强健，适应性极强，对气候、土壤要求不严；喜光，稍耐阴，耐干旱瘠薄；萌蘖性较强，耐修剪；生长较快。

园林用途

春季新叶呈现两种类型：一种是新叶呈单纯的黄绿、鲜红或紫红色；另一种是在淡褐或黄绿色的基色上分布着紫褐或红褐色不规则斑块而呈现花叶类型；两者观赏期均为3~5月。适作坡地美化、彩叶刺篱、小型花架，也可密植修剪造型。

繁殖方式

播种、扦插。

附注

根状茎富含淀粉，可酿酒，也可药用；嫩茎叶可蔬食。

相近种

小果菝葜 *S. davidiana*，与菝葜主要区别为茎常紫红色；翅状鞘半圆形，远宽于叶柄。产于全省各地。

斑色叶

春色叶

春色叶

斑色叶

小果菝葜

斑色叶

春色叶

春色叶

参考文献

安徽植物志协作组. 1988-1990. 安徽植物志(2-3卷). 北京：中国展望出版社

安徽植物志协作组. 1991-1992. 安徽植物志(4-5卷). 合肥：安徽科学技术出版社

陈俊愉，程绪珂. 1990. 中国花经. 上海：上海文化出版社

陈棋，农学慧，刘惠，王青宁，周景斌. 2005. 浅谈色叶树种的配置. 陕西林业，（3）：36

陈颖卓，黄至欢. 2016. 红色幼叶的适应意义探讨. 生物多样性，24(9):1062-1067

陈有民. 2011. 园林树木学（第二版）. 北京：中国林业出版社

陈征海，谢文远，李修鹏. 2016. 宁波滨海植物. 北京：科学出版社

陈征海，孙孟军. 2014. 浙江省常见树种彩色图鉴. 杭州：浙江大学出版社

陈植. 1984. 观赏树木学. 北京：中国林业出版社

池方河，陈征海. 2015. 玉环木本植物图谱. 杭州：浙江大学出版社

邓志平. 2010. 浙江冬季观赏植物. 杭州：浙江科学技术出版社

丁炳扬，李根有，傅承新，杨淑贞. 2010. 天目山植物志（1-4卷）. 杭州：浙江大学出版社

丁炳扬，夏家天，张方钢，陈德良. 2014. 百山祖的野生植物—木本植物I. 杭州：浙江科学
　　技术出版社

福建植物志编写组. 1982-1994. 福建植物志(1-6卷). 福州：福建科学技术出版社

顾小玲. 2008. 景观植物配置设计. 上海：上海人民美术出版社

侯元凯. 2014. 世界彩叶植物名录. 武汉：华中科技大学出版社

江苏省植物研究所. 1977. 江苏植物志（上）. 南京：江苏人民出版社

江苏省植物研究所. 1982. 江苏植物志（下）. 南京：江苏科学技术出版社

金明龙，张韶文. 2005. 浙江新昌县野生观赏植物资源研究. 浙江大学学报(理学版)，
　　32(2):220-224

金松恒，李根有. 2015. 园林植物学. 天津：天津科学技术出版社

金孝锋，金水虎，翁东明，张宏伟. 2014. 清凉峰木本植物志（一、二）. 杭州：浙江大学出
　　版社

金孝锋，翁东明. 2009. 清凉峰植物. 杭州：浙江大学出版社

兰晓燕，秦华，易小林. 2006. 重庆园林色叶树种叶色表现问题分析及应用对策. 中国农学通
　　报，22（2）：306-308

雷玉兰. 2004. 南岳色叶树种初探. 湖南林业科技，31（5）：69-70

李根有，陈征海，桂祖云. 2013. 浙江野果200种精选图谱. 北京：科学出版社

李根有，陈征海，项茂林．2012.浙江野花300种精选图谱．北京：科学出版社

李根有，陈征海，杨淑贞．2011.浙江野菜100种精选图谱．北京：科学出版社

李根有，楼炉焕，吕正水，沈士华，陆锦星.1994.泰顺县野生观赏植物资源.浙江林学院学报，(4)：402-418

李根有，颜福彬．2007.浙江温岭植物资源．北京：中国农业出版社

李作文．2010.园林彩叶植物的选择与应用．沈阳：辽宁科学技术出版社

廖丽婷，袁留斌.2013.浅析丽水市秋色叶树种资源与园林应用.安徽农学通报，（6）：124-126

林玉涓，叶海林，陈超.2011.彩叶树种的选择与运用.现代农业科技，（3）：259，261

龙冰雁.2006.永州春色叶树种的造景运用.特种经济动植物，9（1）：33-35

陆红梅.2014.红叶能否占尽长三角秋色?园林，（1）：90-93

宁波市园林管理局．2011.宁波园林植物．杭州：浙江科学技术出版社

欧阳雾虹.2014.彩色叶树种的配置方式及应用原则.现代园艺，(18):159-160

钱萍，季春峰.2010.彩色植物的一个分类新体系.现代园艺，(2):4-5

裘宝林．1990.浙江重要野生秋色叶树种.南京林业大学学报，14（1）：68-73

沈飞．2015.湖州市乡土色叶树种资源调查与评价．浙江农林大学硕士学位论文

苏继申，赵永燕.2003.南京栖霞山风景区色叶树种资源的利用与保护.南京林业大学学报（人文社会科学版），3（1）：16-18

孙孟军，邱瑶德.2002.浙江林业自然资源(野生植物卷).北京：中国农业科学技术出版社

汤兆成．2013.松阳树木彩色图鉴．北京：中国林业出版社

田旗．2014.华东植物区系维管束植物多样性编目．北京：中国林业出版社

童丽丽，戈萍燕，许晓岗，汤庚国.2011.色叶树种在南京道路绿化中的应用分析.林业科技开发，25（6）：125-128

王冬米，陈征海．2010.台州乡土树种识别与应用．杭州：浙江科学技术出版社

王美玲，敬世敏．2005.秋季色叶树种的应用.四川林业科技，26（5）：100-101

吴棣飞，王军峰，姚一麟．2015.彩色叶树种．北京：中国电力出版社

吴建人，金孝锋．2016.白塔湖植物．杭州：浙江大学出版社

邢福武，曾庆文，陈红锋，王发国．2009.中国景观植物（上、下）．武汉：华中科技大学出版社

徐绍清、陈征海．2014.慈溪乡土树种彩色图谱．北京：中国林业出版社

杨红兵.1999.色叶树种在城市园林绿化中的应用.当代建设，（3）：45

杨莉莉，刘盈盈.2014.秋色叶树种在杭州行道树中的应用.浙江农林大学学报，31（4）：597-603

臧德奎.2012.园林树木学（第二版）.北京：中国建筑工业出版社

张若蕙，楼炉焕，李根有．1994.浙江珍稀濒危植物．杭州：浙江科学技术出版社

张琰，张进.2006.河南大别山秋色叶树种资源及开发利用.北方园艺，（6）：88-89

张幼法，李修鹏，陈征海，李根有. 2015.中国大陆山茶科一新记录种——日本厚皮香. 热带
　　亚热带植物学报，44（3）：241-243

张玉潇，许铭.2012.彩叶树的分类及应用.河北林业科技，（1）：89-91

赵梁军.2011.园林植物繁殖技术手册.北京：中国林业出版社

浙江植物志编辑委员会. 1989-1993.浙江植物志(1-7卷). 杭州：浙江科学技术出版社

郑朝宗. 2005.浙江种子植物检索鉴定手册. 杭州：浙江科学技术出版社

郑万钧. 中国树木志（1）. 1983.北京：中国林业出版社

郑万钧. 中国树木志（2）. 1985.北京：中国林业出版社

郑万钧. 中国树木志（3）. 1997.北京：中国林业出版社

郑万钧. 中国树木志（4）. 2004.北京：中国林业出版社

中国植物志编辑委员会. 1959-2004.中国植物志（1-80）. 北京：科学出版社

朱井好.2015. 色叶树种在园林设计中的作用. 现代园艺，(16):105-106

Wu Zh Y. 1994-2013. Flora of China Vol. 1-25. Beijing: Science Press et St. Louis: Missouri
　　Botanical Garden

中文名索引

B

巴山水青冈 156
菝葜 422
白果 151
白毛椴 326
白木乌桕 276
半枫荷 384
薄叶润楠 53
豹皮樟 49
北江荛花 125
笔管榕 40
薜荔 38
扁枝越桔 348
滨枥 417
波叶红果树 375

C

糙叶天仙果 234
茶荚蒾 226
茶条槭 202
檫木 169
檫树 169
长柄双花木 171
长柄紫果槭 194
长刺楤木 333
长裂葛萝槭 197
长毛八角枫 220

长叶冻绿 209
长叶猕猴桃 104
长叶木姜子 51
长叶鼠李 209
长柱紫茎 217
常绿樱 409
秤钩枫 163
赤楠 127
赤皮椆 30
赤皮青冈 30
刺叶稠李 409
臭椿 89
臭辣树 269
樗 89
樗叶花椒 271
川榛 385
椿叶花椒 271
刺毛杜鹃 132
刺毛越桔 143
刺楸 335
刺叶桂樱 409

D

大果俞藤 211
大穗鹅耳枥 228
大卫槭 300
大叶榉 232
大叶山天萝 324

倒卵叶石楠 74
灯台树 337
地锦 322
地锦槭 310
钓樟 57
东部大果槭 308
东南悬钩子 407
冬青 95
冻绿 209
杜英 379
短柄川榛 385
短柄枹 230
短柄枹栎 230
短毛椴 101
短尾越桔 141
对萼猕猴桃 362
多花勾儿茶 100
朵花椒 177
朵椒 177

E

鹅掌楸 242
鄂西红豆 87

F

饭汤子 226
肥皂树 205
粉花绣线菊 76

粉叶爬山虎 211
粉叶羊蹄甲 77
枫树 255
枫香 255
枫香树 255
佛光树 62
芙蓉菊 373
福建山樱花 259

G

橄榄槭 302
杠香藤 181
高大槭 294
格药柃 119
隔药柃 119
葛枣猕猴桃 362
钩栲 29
钩栗 29
鼓钉刺 335
瓜馥木 46
瓜子黄杨 358
光萼林檎 72
光叶榉 232
光叶石楠 399
广东蛇葡萄 317
鬼箭羽 185
贵州石楠 74
桂花 148
裹茎紫金牛 371

H

海岸卫矛 189
海滨木槿 213
海瓜子 417
海塘树 213

荷树 123
褐叶青冈 31
横柴 123
红柴枝 97
红豆树 87
红果钓樟 244
红果山胡椒 244
红荷叶 91
红凉伞 367
红脉钓樟 250
红楠 57
红叶葡萄 360
红枝柴 97
猴欢喜 413
厚壳树 355
厚皮香 419
厚叶石斑木 404
湖北山楂 70
湖北算盘子 179
槲栎 37
虎皮楠 93
华东楠 53
华杜英 377
华空木 266
化树蒲 25
化香树 25
黄丹木姜子 51
黄葛树 40
黄连木 286
黄楝树 286
黄牛奶树 146
黄山栾树 315
黄杨 358
黄杨木 358
黄枝槭 294

灰白蜡瓣花 252

J

鸡爪槭 312
鹿角杜鹃 134
假死柴 246
尖萼紫茎 217
尖连蕊茶 108
尖叶山茶 108
浆果椴 326
江南山柳 344
江南越桔 143
金刚刺 422
金钱松 154
金松 154
金叶微毛柃 117
金叶细枝柃 117
堇叶紫金牛 371
九节龙 145
榉树 232
卷斗青冈 35

K

楷树 286
苦茶槭 202
阔叶槭 294
阔叶十大功劳 387

L

蜡枝槭 200
蓝果树 331
榔皮树 162
榔榆 162
老鼠矢 146
乐东拟单性木兰 44

雷公鹅耳枥	228	毛果珍珠花	346	牛筋树	246		
连蕊茶	110	毛花连蕊茶	110	女儿红	375		
连香树	238	毛黄栌	183				
莲座紫金牛	369	毛鸡爪槭	312	**P**			
楝叶吴萸	269	毛脉槭	302	爬墙虎	322		
亮叶冬青	96	毛漆树	290	爬山虎	322		
亮叶水青冈	156	毛山鸡椒	167	刨花楠	55		
临安槭	198	毛药藤	225	刨花润楠	55		
檫木	409	毛枝连蕊茶	112	萍柴	66		
柃木	115	茅丝栗	27				
庐山椴	101	梅球果	342	**Q**			
庐山乌药	250	美丽胡枝子	83	蕲艾	373		
庐山小檗	240	米饭花	143	黔榛	385		
鹿角杜鹃	134	米心水青冈	156	椆木	130		
卵叶石岩枫	181	米槠	27	青枫	302		
轮叶赤楠	127	闽江槭	194	青枫藤	163		
轮叶蒲桃	127	木荷	123	青冈	31		
椤木	74	木荷枫	384	青冈栎	31		
椤木石楠	74	木患子	205	青灰叶下珠	281		
络石	352	木蜡树	290	青栲	33		
落地紫金牛	369	木犀	148	青皮木	236		
落萼叶下珠	281	木油树	279	青皮槭	197		
绿爬山虎	319	木子树	279	青桐	215		
绿叶冬青	96			青虾蟆	300		
		N		青榨槭	300		
M		耐冬	352	清明花	137		
马鞍树	85	南京泡花树	97	全缘叶栾树	315		
马银花	137	南岭栲	29	缺萼枫香	255		
马醉木	130	南酸枣	285				
馒头果	179	南天竹	389	**R**			
猫乳	207	南烛	139	日本杜英	382		
毛八角枫	220	南紫薇	328	日本厚皮香	419		
毛果南烛	346	拟粉叶羊蹄甲	77	日本黄檀	213		
毛果槭	308	鸟不宿	333	日本绣线菊	76		
毛果青冈	35	锯合猕猴桃	362	日本野桐	274		

日光槭	308	薯豆	382	乌饭	139
绒毛石楠	261	树参	384	乌饭树	139
肉花卫矛	187	树三加	223	乌桕	279
乳源槭	298	水青冈	156	无患子	205
锐角槭	293	水色槭	310	吴茱萸五加	223
瑞木	337	四棱树	185	梧桐	215
		四照花	342	五倍子树	288
S		楤木	333	五角枫	302
三角枫	296	酸枣	285	五莲草	145
三角槭	296			五眼果	285
三年桐	283	**T**		五叶刺枫	335
三峡槭	203	台湾林檎	72	武陵槭	203
伞形八角枫	220	台湾水青冈	156		
桑芽	202	太平杜鹃	132	**X**	
色木槭	310	泰顺杜鹃	421	稀花槭	200
山苍子	167	泰顺石楠	402	细齿密叶槭	306
山胡椒	246	藤黄檀	79	细叶青冈	33
山鸡椒	167	藤梨	106	细叶香桂	47
山柏	276	藤萝	267	狭叶山胡椒	246
山荔枝	340	藤檀	79	夏蜡梅	165
山麻杆	91	天目杜鹃	136	香槐	175
山棉皮	125	天仙果	234	香樟	392
山榕	40	田柳	162	小果菝葜	422
山石榴	127	甜槠	27	小果薜荔	38
山乌桕	276	桐子树	283	小花花椒	271
山小檗	348	秃瓣杜英	379	小叶金缕梅	172
山樱花	68	秃糯米椴	102	小叶猕猴桃	415
山皂荚	81			小叶青冈	33
珊瑚朴	160	**W**		小叶石楠	264
扇骨木	399	万字茉莉	352	小叶蚊母树	64
绳梨	415	网脉葡萄	324	小叶乌饭树	141
石斑木	404	微毛柃	114	秀丽槭	302
石楠	395	尾叶挪藤	42	秀丽四照花	340
疏毛绣线菊	173	卫矛	185	锈毛莓	407
鼠矢枣	207	温州葡萄	360	血榉	232

Y

鸭掌树	242
岩杜鹃	134
岩将军	395
盐肤木	288
雁荡三角槭	192
羊口舌	146
羊桃	106
杨梅叶蚊母树	66
野茶	66
野枇杷	234
野漆	411
野漆树	411
野柿	350
野桐	274
野梧桐	274
野樱花	68
野痛草	145
野珠兰	266
叶底红	364
叶下红	364
宜昌荚蒾	226
异色猕猴桃	104
异叶地锦	319
异叶爬山虎	319
异叶榕	234
银缕梅	172
银杏	151
硬叶柃	121
永瓣藤	191
油桐	283
俞藤	211
圆头蚊母树	64
粤柳	24

粤蛇葡萄	317
云和新木姜子	59
云锦杜鹃	136
云南桤叶树	344
云山八角枫	220
云山青冈	36

Z

皂角树	81
窄斑叶珊瑚	365
窄基红褐柃	121
毡毛泡花树	99
毡毛野枇杷	99
樟树	392
浙江桂	47
浙江润楠	55
浙江水青冈	156
浙江新木姜子	59
浙江樟	47
浙江紫薇	328
浙闽槭	306
浙闽樱	68
浙南菝葜	150
珍珠黄杨	358
珍珠莲	38
中华杜英	377
中华猕猴桃	106
中华石楠	261
钟花樱	259
钟花樱桃	259
舟山新木姜子	62
朱标花	137
紫果槭	194
紫茎	217
紫槭	194

紫树	331
紫藤	267
紫薇	328
棕脉花楸	356

拉丁名索引

A

Acer acutum	293
Acer amplum	294
Acer buergerianum	296
Acer buergerianum var. *yentangense*	192
Acer chunii	298
Acer cordatum	194
Acer davidii	300
Acer elegantulum	302
Acer grosseri var. *hersii*	197
Acer john-edwardianum	306
Acer linganense	198
Acer nikoense	308
Acer olivaceum	302
Acer palmatum	312
Acer pauciflorum	200
Acer pictum ssp. *Mono*	310
Acer pubinerve	302
Acer pubipalmatum	312
Acer subtrinervium	194
Acer tataricum ssp. *Theiferum*	202
Acer wilsonii	203
Actinidia callosa var. *discolor*	104
Actinidia chinensis	106
Actinidia hemsleyana	104
Actinidia lanceolata	415
Actinidia polygama	362
Actinidia valvata	362
Ailanthus altissima	89
Alangium kurzii	220
Alangium kurzii var. *handelii*	220
Alangium kurzii var. *umbellatum*	220
Alchornea davidii	91
Ampelopsis cantoniensis	317
Aralia hupehensis	333
Aralia spinifolia	333
Ardisia crenata var. *bicolor*	367
Ardisia primulaefolia	369
Ardisia pusilla	145
Ardisia violacea	371
Aucuba albopunctifolia var. *angustula*	365

B

Bauhinia glauca	77
Berberis virgetorum	240
Berchemia floribunda	100
Bothrocaryum controversum	337
Bredia fordii	364
Buxus sinica	358
Buxus sinica var. *parvifolia*	358

C

Camellia cuspidata	108
Camellia fraterna	110
Camellia trichoclada	112

Carpinus viminea 228

Castanopsis eyrei 27

Castanopsis tibetana 29

Castanopsis carlesii 27

Castanopsis fordii 29

Celtis julianae 160

Cerasus campanulata 259

Cerasus schneideriana 68

Cerasus serrulata var. *spontanea* 68

Cercidiphyllum japonicum 238

Choerospondias axillaris 285

Cinnamomum camphora 392

Cinnamomum chekiangense 47

Cinnamomum subavenium 47

Cladrastis wilsonii 175

Clethra delavayi 344

Corylopsis glandulifera var. *hypoglauca*
252

Corylus heterophylla var. *brevipes* 385

Corylus heterophylla var. *sutchuenensis*
385

Cotinus coggygria var. *pubescens* 183

Crataegus hupehensis 70

Crossostephium chinense 373

Cyclobalanopsis gilva 30

Cyclobalanopsis glauca 31

Cyclobalanopsis gracilis 33

Cyclobalanopsis myrsinifolia 33

Cyclobalanopsis pachyloma 35

Cyclobalanopsis sessilifolia 36

Cyclobalanopsis stewardiana 31

D

Dalbergia hancei 79

Daphniphyllum oldhamii 93

Dendrobenthamia elegans 340

Dendrobenthamia japonica var. *chinensis*
342

Dendropanax dentiger 384

Diospyros kaki var. *silvestris* 350

Diploclisia affinis 163

Disanthus cercidifolius ssp. *longipes* 171

Distylium buxifolium 64

Distylium myricoides 66

E

Ehretia acuminate 355

Elaeocarpus chinensis 377

Elaeocarpus decipiens 379

Elaeocarpus glabripetalus 379

Elaeocarpus japonicus 382

Euodia rutaecarpa 269

Euonymus alatus 185

Euonymus carnosus 187

Euonymus tanakae 189

Eurya emarginata 417

Eurya hebeclados 114

Eurya japonica 115

Eurya loquaiana var. *aureopunctata* 117

Eurya muricata 119

Eurya rubiginosa var. *attenuata* 121

F

Fagus engleriana 156

Fagus hayatae 156

Fagus longipetiolata 156

Fagus lucida 156

Ficus erecta var. *beecheyana* 234

Ficus heteromorpha 234

Ficus pumila 38

Ficus pumila var. *microcarpa* 38

Ficus sarmentosa var. *henryi* 38

Ficus superba var. *japonica* 40

Firmiana simplex 215

Fissistigma oldhamii 46

G

Gamblea ciliate var. *evodiifolia* 223

Ginkgo biloba 151

Gleditsia japonica 81

Glochidion wilsonii 179

H

Hibiscus hamabo 213

I

Ilex chinensis 95

Ilex viridis 96

K

Kalopanax septemlobus 335

Koelreuteria bipinnata var. *integrifoliola* 315

L

Lagerstroemia chekiangensis 328

Lagerstroemia indica 328

Lagerstroemia subcostata 328

Laurocerasus spinulosa 409

Lespedeza formosa 83

Lindera angustifolia 246

Lindera erythrocarpa 244

Lindera glauca 246

Lindera rubronervia 250

Liquidambar acalycina 255

Liquidambar formosana 255

Liriodendron chinense 242

Litsea coreana var. *sinensis* 49

Litsea cubeba 167

Litsea cubeba var. *formosana* 167

Litsea elongata 51

Lyonia ovalifolia var. *hebecarpa* 346

M

Maackia hupehensis 85

Machilus chekiangensis 55

Machilus leptophylla 53

Machilus pauhoi 55

Machilus thunbergii 57

Mahonia bealei 387

Mallotus japonicus 274

Mallotus repandus var. *scabrifolius* 181

Mallotus subjaponicus 274

Malus doumeri 72

Malus leiocalyca 72

Meliosma oldhamii 97

Meliosma rigida var. *pannosa* 99

Monimopetalum chinense 191

N

Nandina domestica 389

Neolitsea aurata var. *chekiangensis* 59

Neolitsea aurata var. *paraciculata* 59

Neolitsea aurata var. *undulatula* 59

Neolitsea sericea 62

Nyssa sinensis 331

O

Ormosia hosiei 87

Osmanthus fragrans 148

P

Parakmeria lotungensis	44
Parrotia subaequalis	172
Parthenocissus dalzielii	319
Parthenocissus laetevirens	319
Parthenocissus tricuspidata	322
Photinia beauverdiana	261
Photinia bodinieri	74
Photinia glabra	399
Photinia lasiogyna	74
Photinia parvifolia	264
Photinia schneideriana	261
Photinia serratifolia	395
Photinia taishunensis	402
Phyllanthus flexuosus	281
Phyllanthus glaucus	281
Pieris japonica	130
Pistacia chinensis	286
Platycarya strobilacea	25
Pseudolarix amabilis	154

Q

Quercus aliena	37
Quercus serrata var. *brevipetiolata*	230

R

Rhamnella franguloides	207
Rhamnus crenata	209
Rhamnus utilis	209
Rhaphiolepis indica	404
Rhaphiolepis umbellata	404
Rhododendron championae	132
Rhododendron fortunei	136
Rhododendron latoucheae	134
Rhododendron ovatum	137
Rhododendron taishunense	421
Rhus chinensis	288
Rubus reflexus	407
Rubus tsangorus	407

S

Salix mesnyi	24
Sapindus saponaria	205
Sapium discolor	276
Sapium japonicum	276
Sapium sebiferum	279
Sassafras tzumu	169
Schima superba	123
Schoepfia jasminodora	236
Sindec hiteshenryi	225
Sinocalycanthus chinensis	165
Sloanea sinensis	413
Smilax austrozhejiangensis	150
Smilax china	422
Smilax davidiana	422
Sorbus dunnii	356
Spiraea hirsuta	173
Spiraea japonica	76
Stauntonia obovatifoliola ssp. *urophylla*	42
Stephanandra chinensis	266
Stewartia acutisepala	217
Stewartia rostrata	217
Stewartia sinense	217
Stranvaesia davidiana var. *undulata*	375
Symplocos laurina	146
Symplocos stellaris	146
Syzygium buxifolium	127
Syzygium buxifolium var. *verticillatum*	127
Syzygium grijsii	127

T

Ternstroemia gymnanthera	419
Ternstroemia japonica	419
Tilia chingiana	101
Tilia endochrysea	326
Tilia henryana var. subglabra	102
Toxicodendron succedaneum	411
Toxicodendron sylvestre	290
Toxicodendron trichocarpum	290
Trachelospermum jasminoides	352

U

Ulmus parvifolia	162

V

Vaccinium bracteatum	139
Vaccinium carlesii	141
Vaccinium japonicum var. sinicum	348
Vaccinium mandarinorum	143
Vaccinium trichocladum	143
Vernicia fordii	283
Viburnum erosum	226
Viburnum setigerum	226
Vitis erythrophylla	360
Vitis wenchouensis	360
Vitis wilsoniae	324

W

Wikstroemia monnula	125
Wisteria sinensis	267

Y

Yua austro-orientalis	211
Yua thomsonii	211

Z

Zanthoxylum ailanthoides	271
Zanthoxylum micranthum	271
Zanthoxylum molle	177
Zelkova schneideriana	232
Zelkova serrata	232